入选中共山西省委宣传部2020年度重点选题

果业振兴丛书

优质核桃
栽培管理问答

YOUZHI HETAO
ZAIPEI GUANLI
WENDA

胡肖龙 杨良杰 廉晓军 编著

山西出版传媒集团　　山西科学技术出版社

图书在版编目（CIP）数据

优质核桃栽培管理问答 / 胡肖龙, 杨良杰, 廉晓军
编著.—太原 : 山西科学技术出版社, 2021.4（2022.11 重印）
（果业振兴丛书 / 杨良杰主编）
ISBN 978-7-5377-6050-8

Ⅰ.①优… Ⅱ.①胡… ②杨… ③廉… Ⅲ.①核桃—
果树园艺 - 问题解答 Ⅳ.①S664.1-44

中国版本图书馆 CIP 数据核字（2020）第 170050 号

果业振兴丛书

优质核桃栽培管理问答

出 版 人	阎文凯	
编　　著	胡肖龙　杨良杰　廉晓军	
责 任 编 辑	王保彦	
封 面 设 计	吕雁军	

出 版 发 行　山西出版传媒集团·山西科学技术出版社
　　　　　　　地址:太原市建设南路 21 号　邮编:030012

编辑部电话	0351-4922061
发行部电话	0351-4922121
经　　销	各地新华书店
印　　刷	山西苍龙印业有限公司

开　　本	787mm×1092mm　1/16
印　　张	10
字　　数	158 千字
版　　次	2021 年 4 月第 1 版
印　　次	2022 年 11 月山西第 3 次印刷
书　　号	ISBN 978-7-5377-6050-8
定　　价	32.00 元

"果业振兴丛书"编委会

顾　问：杜尚卫　　潘建祖

主　编：杨良杰

副主编：胡肖龙　　廉晓军　　郑　科

编　委：何巨才　　张振民　　卫振和　　张文和　　王万魁

　　　　解玉明　　白建伟　　刘新宇　　冯炳钊　　李成高

　　　　畅文选　　王晓燕　　杨　茂　　郭　丽　　乔邓君

　　　　杨军成　　冯韶华　　赵寓冬　　刘卫东　　姚敏敏

　　　　张昆锋　　孙　培　　刘　乐　　黄雪娜　　张国强

　　　　孙建春　　景香平　　李　花　　张晓丽　　范　新

　　　　杨琳瑞

— MU LU 目录

第一部分　基础知识

第二部分　整形修剪

第三部分　肥水管理

第四部分 病虫防治

第五部分　看图会诊

第一部分　基础知识

1. 苹果树刨了能直接栽核桃树吗?

【案例】中农乐千乡万村 APP"在线问诊"用户问:我家的苹果树品种不好且老龄化,请问刨后能栽核桃树吗?

答:能。苹果为蔷薇科、梨属,而核桃为胡桃科、胡桃属,两类非亲非故,倒茬不会有多大影响。但栽核桃树前最好能多施几袋生物有机肥,以菌制菌,先将土壤中的杂菌排除或抑制,这样就可预防再植病及根腐病发生,起到事半功倍的效果。

2. 核桃树对环境条件有哪些要求?

【案例】中农乐微信公众平台读者问:核桃树对环境条件都有哪些要求?在弱盐碱地带能栽植吗?

答:核桃树与其他果树相同,依据自身的生长规律,对栽植地域的环境条件有一定的要求。核桃树宜生区年平均气温 9～16℃,年最低气温 –25℃,年最高气温 38℃,无霜期 180 天以上,年日照量在 2000 小时以上,年降雨量 500～700 毫米,海拔高度 500～1000 米,土壤 pH6.5～7.5,土壤含盐量 0.25%以内。应根据河滩地土壤实际含盐量酌情掌握,弱盐碱地可以栽植核桃树,重盐碱地改种其他适宜作物为妥。

3. 如何打造核桃拳头产业?

【案例】中农乐微信公众平台读者问:我村栽植了 4000 亩(1 公顷 =15 亩)核桃树。由于当时核桃树栽植后不打药、不修剪、不施肥,还不管理,因此导致树冠超高,内膛光秃,结果部位外移,树冠下半部粗枝也严重枯死。这些年先后刨掉了 1000 多亩。自从接触到中农乐先进的核桃管理技术后,这两年又发展了 2000 多亩,现在全村核桃总面积超过 5000 亩。请问下一步管理大方向该如何把握?

答:将核桃栽植作为村民增收的拳头产业,这个路子走对了。但是,科学技术是第一生产力,光有魄力不行,管理必须要跟上。几千亩老核桃园还没落头的树赶快落头,把树形先改造好,并合理利用各种手法和技术,促使内膛多发枝,同时加大地下投资,两年即可丰产。新栽的 2000 亩幼树,尽量少走或不走弯路,从品种、树形、修剪、施肥、浇水及病虫害防治等方面加强管理,这样才能可持续发展。

4. 核桃树与其他果树管理的区别在哪里?

【案例】山西省古县石壁乡吴××问:我家有 60 亩核桃树,树龄 4 年,行株距 5 米×4 米,亩均 33 株。园址海拔 800 米左右。栽植核桃树已经 4 年,不知都是啥品种,也从不修剪、不打药、不施肥,只知见枝就打头,导致现在树不成形,内膛空空,没有枝组,园貌不整,没有效益,形成恶性循环,60 亩核桃园前景渺茫,该怎么办?

答:幼苗栽后不整形、不修剪、不打药、不施肥,这类园主很多,很多人都是受卖苗人的误导,都想栽后几年不出力就能挣到大钱。与其他果树相比,核桃果实不怕果锈,不怕枝磨,不着色,不套袋,管理就够简单了,但施肥、浇水、治虫、修剪等活计还得干,不但要干,还得懂科学,不能盲目干。

5. 海拔 100 米左右的地方适宜栽植核桃吗?

【案例】河南省唐河县滨河区新街张××问:我家中有 60 亩核桃园,品种为 8518 及中核短枝,行株距为 5 米×4 米,亩均 33 株,树龄 2 年生,园址为平地,海拔只有 100 米左右。沙壤土,配水肥一体化灌水设施。植株栽后 1 米定干。这样做对吗?

答:核桃树栽植适宜海拔在 400 米以上,你当地海拔只有 100 米,昼夜温差小,植株易狂长,一定要控制补水量。建议少施或不施纯尿素,多用复合肥加生物有机肥。对 2 年生幼树,冬剪时可在各枝条中段选最饱满芽上方 2 厘米处下剪,以利于翌年迅速扩冠。

6. 核桃树栽植前需挖大坑吗?

【案例】中农乐千乡万村 APP "在线问诊"用户问:核桃树栽植前用不用挖大坑?

答:旱地不宜挖大坑,挖后如果没有浇水条件,数年内都难以沉淀充实,幼苗栽植后会因雨后下沉而使根系埋得过深,易使树苗生长缓慢或出现死苗现象。水地能挖大坑,但栽前最好能大水漫灌两次,待其充分沉淀后再栽植。

7. 核桃树秋栽好还是春栽好?

【案例】中农乐微信公众平台读者问:核桃树秋栽好还是春栽好?

答:后秋、早春都能栽植,但后秋栽植必须封土堆,操作时比较费力,比较麻烦,早春栽植核桃树则比较省力。秋栽多在落叶后至地面上冻前栽植,春栽多在土壤解冻后至萌芽前进行。冬季寒冷多风地区适宜于春栽,因秋栽苗木易受冻或抽干,还要封土防寒。冬季温暖而湿润的南方地区秋栽比春栽效果好,利于伤口及断根愈合,翌春发芽早而且生长壮,成活率高。总之,冬季气温较低、冻土层较深,干旱多风地区,为防止冻害和抽干,需要封土防寒,还是春栽比较稳当。

8. 亩栽 76 株核桃树是否合理?

【案例】山西省稷山县宁××问:我栽了 6 亩核桃树,品种以中林系列和晋龙系列为主,行株距为 3.5 米×2.5 米,亩均 76 株,属高密植。从栽树至今不修不剪,去年只收了几千克核桃,今年树上结果也不多,并且大多为单果。树龄虽小,但树冠内膛空虚,园内密蔽。浇水条件虽好,但投资不到位,树上枝条细长,花芽瘦弱。请问该咋办?

答:栽核桃树宜稀不宜密,一般亩均 30 株左右即可。你的核桃园亩均已达 76 株,隔株间伐最好。品种不错,管理应当跟上,过高的树必须控顶,把营养往下压,让内膛多发枝。要学会核桃树冬季科学修剪技术,不然树上已形成的花芽会白白浪费。核桃树需肥量大而需水量小,一定要让树先吃饱。

9. 什么时候采收核桃最合适?

【案例】中农乐微信公众平台读者问:什么时候采收核桃最合适?

答:核桃成熟时表现为外果皮由深绿色变为淡黄色或黄褐色,有部分外皮裂口,青果皮易剥离。内部特征是:种仁饱满,幼胚成熟,子叶变硬,风味浓香。采收过早,对出仁率、出油率、种仁风味都有不良影响。如果适当推迟采收期,产量、出仁率、出油率、风味及外观质量都会明显提高。所以,采收期要根据各地的立地条件、品种成熟特征、市场要求等因素综合判断,以既能保证质量,又能保证及时供应为原则。个别核桃品种果实的外皮与种仁成熟期有不一致的现象,这是因为各地气候条件不同,外果皮的成熟期或提前或推迟,在确定采收期时,应予以充分注意。在山西运城、河南三门峡、陕西渭南黄河金三角区域,正常年份核桃采收期多为"白露"前后。总的原则,采收期宜晚不宜早,适时稍偏晚最好。

10. 8518核桃园粗放管理效益低,要不要刨树?

【案例】河南省陕县西张镇员××问: 我承包了27亩地,栽植8518核桃树。栽植至今已11年,27亩核桃园总共收入6万元,亩均年收入几百元,将投资除过,基本算白干。现在树高已达7米开外,全园密蔽,下半部枝条全死光,就连粗枝都死了,真是刨掉舍不得,不刨又没效益。我到底该刨树还是继续种植?

答:栽树后不用管就能挣大钱,不科学。你的核桃园行株距为4米×3米,亩栽55株,属密植园。这类园幼树时整形和修剪必须到位,否则,很快就会全园密蔽,更别说结核桃了,死树也有可能。你园中现在不管哪个品种,最好给结果多的树画个记号,继续保留,其余不结果的树和结果少的树建议嫁接成丰产优质品种。冬季落叶时先将全园过高的树上部锯掉一半,等来年发芽前再锯到位,发芽后任其自由生长,到5月下旬用方块芽接法高接换头,争取6月底前结束。

11. 如何提高核桃园整体树势?

【案例】河南省灵宝市朱阳镇闫××问:我栽植了1200亩核桃树,品种为清香、香玲、元丰等,行株距为6米×5米、6米×4米,没有浇水条件。栽后至今都是模仿苹果树的管理手法,历年秋季不施底肥,导致树势衰弱,枝条细长,花芽秕瘦,树上所形成的花芽春季萌发不出来,造成浪费。现在该咋办?

答:首先建议你实行全园生草制。这样做可解除 1200 亩地锄草之苦,还能增加土壤有机质,节省劳动力。但注意不能放任不管,形成"草吃树现象"。山坡地树形宜低不宜高,要控制树体高度。树冠宜密不宜稀,不建议内膛疏枝,内膛结果枝越多,产量就越高,杜绝靠外围结果。最后,要强调核桃树需肥量大而需水量小,要想丰产,必须让树先吃饱,全年 70% 的肥料在秋季施用,效果会好得多。

12. 亩产 20 千克干核桃的园如何提高产量?

【案例】山西省运城市盐湖区席张乡杨××问:我建了 56 亩核桃园,土质为黄绵土,保肥、保水性强,有灌溉设施。树龄已 7 年,按说应该进入丰产期了,但去年 56 亩共收获了 1000 多千克干果,亩均 20 千克,实在是产量太低。究其原因,都是不会管理及投资不到位所造成的,有何"解药"?

答:7 年生树亩均 20 千克干果产量实在太低,何况环境条件这么好。如果一个核桃园内树势分散、内膛空虚,从上到下只有几个大枝,顶端优势旺盛,树冠内部中、小型结果枝几乎没有,要想丰产谈何容易!当年栽树后定干过高,现在应着重从两方面入手:一是改形,先将过高的树落头,过长的骨干枝回缩,把力量往内膛压,促使树冠中下部多发枝。当新生枝长到 4~6 片叶时摘心,促其再次发枝,这样当年的新生枝条会大增,为翌年增产打好基础。二是加大投资,核桃树需肥量较多,而需水量较少,要想高产必须让树先吃饱。你园中树势显弱,发芽前可用蒙力 28 等结合春浇随水冲施,会收到好的效果。

13. 核桃树栽植过密咋办?

【案例】中农乐千乡万村 APP"在线问诊"用户问:我栽有 1.5 亩核桃树,2 年树龄,品种为香玲。虽然面积不大,但栽植密度较大,行株距为 4 米×3 米,1.5 亩地共栽了 85 株,定干高度为 1 米。现在才意识到栽植太密,下一步该咋处理?

答:核桃树栽植密度不宜过大,通风透光条件要好。虽然你园栽植密度较大,但品种不错,只要管理得当,前期产量提升会很快。树形建议采用"矮冠自然圆头树形"。低干矮冠,树形紧凑,七八年后如果过于密蔽,也可以适当间伐。

14. 霜降前后可以对核桃树落头吗?

【案例】中农乐微信公众平台读者问:我栽植了3亩核桃园,行株距为4米×3米,较为密植,品种主要是香玲。由于不懂技术,只知浇水施肥,树高已达7米以上,下半部空虚,结果枝组很少。树龄9年,已进入盛果期。去年霜降前后对过高的树进行了落头,这样做对吗?

答:既然树已落了头,加大地下投资是关键。多施肥、少浇水,冲施时只浇行距中间一半即可,不要大水漫灌。发芽后先将落头锯口处萌发出的新芽及时抹除,促使下半部多发内膛枝。当新枝长到4~6片叶时摘心,树冠下半部的小枝量就会大增,为以后高产稳产打好基础。

15. 实生核桃苗幼树当年能嫁接吗?

【案例】中农乐微信公众平台读者问:春季新栽的核桃实生幼树当年能嫁接吗?

答:最好当年不要嫁接,在第二年或第三年嫁接,形成树冠速度要比当年嫁接形成树冠速度快得多。因其当年嫁接成活剪砧后去掉多半叶片,影响根系扩长。

16. 如何提高核桃树嫁接成活率?

【案例】中农乐千乡万村 APP"在线问诊"用户问:如何提高核桃树嫁接成活率?

答:核桃树嫁接成活率低的主要原因:一是枝条内含有较多的单宁物质,嫁接时切面的蛋白质被单宁沉淀,沉淀物形成一层黑色的隔离层,阻碍了砧木与接穗之间愈伤组织的形成。二是一年生枝髓部较大,木质较松软,伤口愈合难,影响成活。为攻克核桃树嫁接技术难关,经过多年的试验研究表明,若在春季采用劈接、插皮接等硬枝嫁接,或春、秋季采用芽接、嵌芽接等芽接方法,成活率都很低,唯采用长方块芽接成活率可达到95%以上。5~6月份芽接成活后,当年新梢可长到1~2米,此法省工省时,成活率高,操作简便,适宜在生产中大力推广。

17. 核桃树摘心有啥好处?

【案例】中农乐千乡万村 APP"在线问诊"用户问:核桃树摘心有啥好处?

答:每到 4 月中旬后,新生枝条快速生长,留 4～5 片叶摘心,从经验上看好处多多。

(1)可以减少顶尖赤霉素的含量,人为控制生长。

(2)剪去顶尖,可促其下部枝、叶、芽体老化,促使发枝,能增加枝量和产量。

(3)老化的枝条可以预防冬天风干和抽条。

(4)适时摘心可减少养分无谓消耗。

(5)老化的枝条可以减少被大风折断的现象发生。

总之,4 月疏花后更重要的是摘心,一定要干,如果 3～5 年好好修剪和管理,6 年以后就是丰产稳产期。

18. 被间伐的核桃树能换园移栽吗?

【案例】中农乐千乡万村 APP"在线问诊"用户问:我们村有一个核桃园,因密闭要间伐,我想顺便移栽到我家核桃地,可以吗?

答:建议你先了解是几年的树龄,大树也能移栽,但树龄不宜太大。树龄越大,成活后恢复树势越慢。5 年生以内树龄的初结果树,移栽弊病较少。大树移栽前,建议先将树冠回缩 50% 以上,尽量少留枝、多留根,这样就能减少消耗,利于成活。

19. 如何提高栽树的成活率?

【案例】中农乐千乡万村 APP"在线问诊"用户问:我历年栽树成活率都不如邻家高,栽树时怎样做才能提高成活率?

答:要提高栽树成活率,就得在起苗后尽快栽植,间隔越短成活率越高,最好能随起随栽,尽量缩短运输及寄苗时间。从起苗到栽植,尽量让幼树毛细根处于湿润环境中,保持最大活力,切勿风干。栽植时用生物菌剂蘸根拉泥条,栽后立即覆土、灌足水。核桃树栽植时最好不要施化肥,防止使用不当造成烧根现象,影响成活。可等到树苗发芽后再补肥不迟。

20. 5年生核桃园品种不祥,挂果少,怎么办?

【案例】山西省永济市栲栳镇陈××问:我栽植了15亩核桃树,行株距为5.5米×4米,5年生树龄,品种不详,树上挂果不多。核桃园土壤为黄绵土,水浇地,地势平坦。由于我对核桃树管理技术一窍不通,不会夏管,不会冬剪,现在15亩核桃园要形没形,要势没势,今年挂果量还是不多,接下来咋办?

答:进入5月下旬,要着手将不对路的品种用方块芽接法改接过来。接穗树可就近选择当地丰产优质树,改接得越早,效果会越好。5月至6月上旬要多追肥,7~8月要少浇水,给花芽分化提供充足的营养,创造优良的条件。

21. 香玲和8518核桃挂果少能更新品种吗?

【案例】山西省临猗县牛杜镇路××问:十多年前栽植了5亩8518核桃,后来又栽植了5亩香玲,行株距为4米×3.5米,亩栽48株,较为密植。近年来模仿苹果树管理方法来管理核桃园,树形是开心形和小冠圆头形,导致结果少或不结果,10亩核桃园收入了8000元,还有60多株树没挂果。想换些新品种可以吗?

答:抓住核桃方块芽接的最佳时期,把这60棵不挂果的树改接换头,品种不要太多,选2~3个优质高产品种即可。开心形树建议改造,中间今年长出的枝全留,把空间全占领最好。内膛不怕密,提高有效结果容积。生长期加大投资,促使多发枝条,不要怕枝密树乱,冬剪时再整理。

22. 为啥核桃树有的有果台副梢有的没有?

【案例】中农乐千乡万村APP"在线问诊"用户问:有的核桃树上有果台副梢,而有的树上果台副梢或短或无,什么原因?咋处理?

答:五六年或初结果的幼龄树果台副梢生长比较旺盛,营养生长大于生殖生长,因此有的会出几根果台副梢,有的长度能达两米多。而结果大龄树,树上挂果较多,树势比较稳定,生殖生长与营养生长平衡,或生殖生长大于营养生长,果台副梢或短或无,这是正常现象。3根去2根,2根去1根,最终只留1根,这么做有利于花芽分化。

23. 核桃园不施肥、不打药、不修剪就能把钱赚吗?

【案例】山西省平陆县杜马乡袁××问:我栽植了5亩核桃树,品种较杂,行株距为4米×4米,每年5亩园施肥两袋,植株全年都处于饥饿状态,投资小,挂果量也少,产量极低。多年来一直认为栽核桃树不用施肥、不用打药、不用修剪。明年还计划栽3亩,应该注意什么?

答:核桃树要想丰产,必须要科学管理。没有浇水条件不用怕,核桃树年周期需水量不大,但必须施足肥让树"吃饱"。壮树上形成的花芽能够正常开花结果,弱树上形成的花芽因无力而萌发不出来,会自然死亡干枯。全年以秋季施肥为主,如果秋季未施肥或施肥量不足,可在发芽前冲施营养肥。至于你说还想栽3亩核桃树,注意选择品种最为关键,行距可由4米放宽到5米,亩栽33株即可。

24. 三年幼树管理应注意啥?

【案例】山西省永济市虞乡镇张××问:我栽了4亩核桃树,品种不详,行株距为5米×3米,亩均44株,较密植。3年树龄还未挂果,全园树高均在2米上下,本人对核桃树管理技术一窍不通,如何强化管理?

答:树龄才3年,还属幼树行列,内膛还不会出现光秃现象,现在认真管还来得及。冬剪时要控制顶端优势,把营养往下压,尽量让树冠横向发展,扩大有效结果容积。莫疏枝,不分层,小枝越多产量就越高。核桃果实不着色,树冠不怕内膛密,今年尽量多挂果,以果压冠,新生枝条间节相应会缩短,树势也会相应矮化。

25. 用手扶拖拉机深旋耕后为啥叶片小、果个小?

【案例】山西省万荣县南张乡范村张××问:前年发芽时给果园浇水后,嫌地板结,就用手扶拖拉机深旋耕,结果树势减弱,叶片变小,不管怎么折腾,果个总也长不大,最终影响了收入。这是旋耕果园的错吗?

答:这种事例,各地普遍存在,屡见不鲜。究其原因,都是用手扶拖拉机旋耕果园惹的祸。手扶拖拉机上配的旋耕机,工作时旋耕机上的刀片入土后从上到下、从前到后高速旋转,斩草除根,不留死角。10~15厘米地表层土壤中,不管是杂草根,还是果树根,统统旋光,地表最珍贵的毛细根全园毁灭,筷子粗的侧生根旋断的也不在少数。要想恢复原状,需要几年时间。

26. 核桃园散养鸡有啥好处?

【案例】河南省三门峡市陕县张××问:核桃园是散养鸡的天然粮仓,各种杂草、各类昆虫是鸡最喜欢吃的食物。鸡在园中放养,不仅可以松土,清除杂草、减少害虫的基数,鸡粪又是最好的有机肥料,还可以减少饲料的投入,节约成本,一本万利。是这样吗?

答:建核桃园赚钱是主要目的,散养鸡只是附属,主次关系一定要分明。园中放养鸡的时间宜晚不宜早,最好能在幼树长到 3 年以后再放养为妥,因为幼树干矮叶少,长出的嫩芽、嫩枝、嫩叶会被鸡群啄光,造成一定程度的损害,甚至整株死亡。

27. 核桃树芽接成活后为啥迟迟不萌芽?

【案例】中农乐微信公众平台读者问:半月前嫁接的核桃树接芽成活后迟迟不萌发,啥原因?

答:原因有二。一是由于雨水较多,气候偏凉,到芽接时间接穗显嫩,接后不易萌发,这属正常,只是需要多等几天而已;二是技术不过关,从接穗取芽时未带芽内生长点,看似成活而不萌发,有灵无魂,这需重新嫁接,没有别的办法。

28. 嫁接后的树 7 月份该咋管理?

【案例】中农乐微信公众平台读者问:嫁接后的树 7 月份该咋管理?

答:除萌很关键。嫁接时在接芽上方所留的两个叶片,叶腋中的芽子两个星期内便可萌发抽条,这两个芽初萌时应及时除掉,促使接芽能得到足够的养分而迅速萌发。除萌时可将接芽下方附近的萌芽一并除掉。自接芽萌发至落叶前不论新枝长短都不宜打顶,其原因是打顶后再萌发出的二次枝全是秋梢,冬剪时从前到后找不见一个可带头的饱满芽,来年生长缓慢,难以迅速扩冠。

29. 核桃果台副梢能短截促分枝吗?

【案例】中农乐千乡万村 APP"在线问诊"用户问:果台副梢能不能短截促

分枝?

答:两种情况应分别对待。3年以内的幼树,为了促其迅速扩冠,可利用果台副梢短截后促发分枝,但前提是结果部位后部必须有足够的分枝,否则,内膛容易光秃。对于结果大树上的果台副梢不宜短截,可三去二,二去一,最终留一根让其自由生长,不能再短截。

30. 核桃果台副梢长势好能做接穗吗?

【案例】中农乐微信公众平台读者问:果台副梢长势好,可做接穗吗?

答:完全可以。挑选生长健壮、副芽饱满的果台副梢做接穗不比外围枝逊色。但如果只有一根果台副梢,剪时可在基部留10厘米短桩,不可齐根剪光,要保证果台后部的花芽正常分化,不影响来年产量。

31. 投资不小为啥只长树不结果?

【案例】山西省临猗县嵋阳镇卢××问:我栽植了12亩核桃树,品种为清香、香玲,行株距为4米×3.5米和6米×4米,栽后不知该咋管,几年来地上不修不剪,放任不管,只知道在地下盲目施肥浇水。年年投资不小,树上叶片大而结果少,急得用铁丝捆主干,用石头砸枝条,还是无济于事。今年春季打过一次清园药后,再没有喷过任何杀菌、杀虫剂。现在果实上疮痂病严重,该怎么办?

答:核桃园品种不错,品质也好,要想丰产,必须在综合管理上下功夫。4米×3.5米的行株距,亩均48株,较为密植,一定要控制树冠狂长,过高的树要落头,角度小的永久性骨干枝要开角加回缩。香玲品种5月20日前多打头,促其多分枝,以提高来年产量;清香品种少打头,因幼树内膛中短枝条多为顶芽成花结果,第二年侧芽即可成花结果。用铁丝捆、用石头砸大错特错,对树体有害无益。只要品种对路,让树吃饱,但又不让其喝饱,也就是要多施肥、少浇水,利于花芽分化,来年即能丰产。果实疮痂病是喷药不力所致,核桃园病害高于虫害,生长前期要多喷杀菌剂,雨后必喷。

32. 6年树龄核桃树至今一半树未结果是啥原因?

【案例】山西省河津市清涧镇张××问:我栽植了10亩核桃树,当时卖苗人称是清一色的中林品种,栽后至今已经6个年头,约有一半树未结果,有些树只结了几个果。地理条件不错，黄绵土，大水地，平平整整一大块，交通方便，离村不远。请问老师我该采取哪些技术措施？

答：树龄6年，已长成了大树，但约有三分之一以上的树还是实生苗，园主一概不知，还照样培养树形，开张角度，施肥、浇水，当宝贝对待。要想吃鸡蛋，必须养母鸡，你养了一群公鸡，再等六年也不会下蛋。当务之急是更换品种，用方块芽接法成活率较高，将树冠下部或内膛的当年生枝都接上好品种，多贴几个芽，将实生苗改过来不是难事，一两年时间又可长成大树。接穗就从自己地里高产树上采，随采随接，成活率高，还不用花钱。另外你核桃园大水漫灌更不好，以后注意控制浇水量，控水同时增加施肥量。

33. 建在河滩地的核桃园在管理中应注意啥？

【案例】山西省永济市栲栳镇任××问：我对核桃树管理一窍不通。前几年栽植了6亩核桃树，当时幼苗是免费统一发放，品种不详。栽后第二年全部嫁接为香玲，今年已初挂果。园址属河滩地，行株距为5米×4米，树高达2.5米左右，树冠已初现雏形，长势不错。请问，下一步在技术管理方面有哪些基本要求？

答：河滩地多属绵沙土，土壤瘠薄。因此，在日后的管理工作中，地下施肥是头等大事，只有让树吃饱，产量才会提高。绵沙土透气性强，保墒性差，一年可以多浇几次水，但要杜绝用大水漫灌。河滩地湿度大，要把杀菌防黑斑病当一回事来抓，否则，会出现严重的黑核桃现象。矮冠自然圆头形是核桃树丰产树形之一，树冠下半部少疏枝，内膛要充实，要及时控制顶端优势，使横向生长略大于纵向生长为妥。

34. 嫁接部位所绑的塑料薄膜需要去掉吗？

【案例】中农乐微信公众平台读者问：核桃树苗栽植后，嫁接部位所绑的塑料薄膜还用不用清除？

答：这事虽小但意见有分歧。有些人认为塑料薄膜会在树体生长时自动脱落，有人认为应用小刀割开嫁接口薄膜，若不割开会影响生长，导致有个别树苗易从此处折断。其实用刮胡刀片划开塑料薄膜并不费事，还是建议割掉好。

35. 主干高 1.2～1.5 米合理吗?

【案例】山西省运城市盐湖区金井乡赵××问:我栽植了 3 亩核桃树,品种不详,行株距为 3.3 米×2.5 米,为密植园,今年已少量挂果。现在主干高 1.2～1.5 米,这样行吗?

答:1.2 米以上的主干有点高,尽量把主干基部的枝培养大,或利用基部骨干枝的下垂枝朝下补空。株行距 3.3 米×2.5 米属高密度栽植,亩均 71 株,可将 2.5 米的株距隔一去一间伐,给植株留出横向生长空间,以发挥个体优势。同时应多施复合肥和农家有机肥,控制氮肥施用量,防止初挂果幼树旺长。

36. 核桃园里可以套种棉花吗?

【案例】山西省运城市盐湖区金井乡李××问:我栽了几亩核桃树,品种不祥,行株距为 5 米×4 米,亩均 33 株,在核桃园中套种棉花,这样干行不行?

答:给你以下两点建议。

(1)幼树慢慢长大,将进入初挂果期,园中最好不要再种棉花了,种棉花浇水多、植株高,会影响核桃树的正常生长及横向扩冠。

(2)要尽快掌握核桃树高产栽培技术,培养好树形,并学会夏管及冬剪技术,尽量少走弯路。

37. 核桃幼树行间能套种玉米吗?

【案例】山西省稷山县太阳乡卢××问:我承包了 60 亩沟地,栽上了核桃树,品种多为中林系列,行株距为 6 米×6 米,亩均 18 株。没有灌溉条件,年周期降雨量就能基本满足生长所需。行间连年种玉米,导致核桃园产量极低。还能继续干下去吗?

答:今年树龄已经 6 年,整形管理刻不容缓,夏管冬剪必须到位,否则,很难有较高的经济效益。建议行间从今春开始别再套种高秆作物了,稀植园地下套种些红薯、花生、豆类等低秆经济作物为妥。另外要加大投资力度,你每年要合理加大秋季施肥量。

38.3 年生核桃园已经浇封冻水为啥还会抽条?

【案例】中农乐微信公众平台读者问:为什么浇过封冻水的 3 年生核桃园,

春季还会出现抽条现象?

答:如果上年秋季施氮肥过多,如施过量纯尿素或过多的人粪尿,则易导致落叶晚,最后青干;枝条停止生长晚,梢部末端未达木质化或半木质化,不充实,抗性弱,尽管浇了封冻水,春季还是会出现抽条现象。

39. 冻害后新发的芽还能结核桃吗?

【案例】中农乐微信公众平台读者问:嫩枝嫩叶冻害后又发新芽,我想知道上面还能结核桃吗?

答:肯定或多或少还会结一部分,这是由核桃树独特的结果习性所决定的。但会因花芽的饱满程度不同和发芽时间的早晚不一,导致核桃品质会有所下降。

40. 核桃园东西两边为啥结果不一样?

【案例】中农乐千乡万村 APP"在线问诊"用户问:我家核桃园是东西行,西高东低。西半边结果,而东半边不结果。同一品种,出现这种情况是啥原因?

答:(1)可能是不结果的东半边易遭晚霜侵袭。

(2)可能是水从西往东流,西高东低坡度大,浇水后东半边会因低凹形成积水,严重时当天也下渗不完,使根系浸息而停止吸收,导致弱树或死树,难结果。

41. 为什么核桃树栽后 3 年不见长?

【案例】中农乐千乡万村 APP"在线问诊"用户问:为什么核桃树栽后三年不见长?

答:出现这种情况原因很多,但往往和以下几点有关。

(1)栽植过深,多因栽时临时挖大坑造成的。

(2)老苗圃地,多年未倒茬,苗木根系本身带菌,栽后树势难以恢复。

(3)纯粹红垆土,土壤板结,透气不良,严重瘠薄,呼吸受阻,难以生根。

42. 3 年幼树尽量少挂果有道理吗?

【案例】河北省邯郸市涉县刘××问:有人说 3 年生幼树尽量少挂果,这是啥道理?

答:山西省河津市有个核桃试验园,二年树基本成形,三年挂果,株均结百颗果实。这个试验田,目标是矮化密植,行株距4米×3米。三年就让它挂果,一是以果压冠,不要长得过高过快,抽梢过多,提前郁闭;二是亩栽55株,株均上百个果实还有点经济效益。但入冬以后,问题出现了:内膛出现异常,10厘米枝条慢慢干了;20厘米枝条虽然没干,但芽子秕,不充实,30厘米枝条有部分着生一个混合芽,下一年发芽后内膛就空虚了。究其原因,上部果实发育正常,既萌芽又抽枝,长势强健,这是核桃树顶端优势的结果。内膛每个枝条着生2~3个果实,枝条太少,叶片太少,制造营养不力,果实汲取了全部营养,枝条因养分缺失而干瘪。加之树苗小,能力有限,养分都输送到顶端,内膛枝条因得不到所需的养分而死亡。学问都在树上。如此看来,3年生幼树可以挂果,但不能留果太多,切勿满负荷。

43. 核桃果实青皮难脱是啥原因?

【案例】中农乐微信公众平台读者问:我家今年核桃果实青皮难脱是什么原因?

答:坐果时间偏晚常会出现青皮难脱现象。一般晚春遭霜冻后会出现非正常的二次挂果,坐果时间相应推迟。遭霜冻年份容易出现这种情况,这是核桃树独特的结果习性所致。

44. 核桃结穗用啥方法保存比较好?

【案例】中农乐微信公众平台读者问:冬剪时所选择的核桃接穗用啥方法保存好? 放在红薯窖行吗?

答:冬剪时选择的接穗往往下年3月底4月初才使用,保存时间太长,会削弱接穗生长势,降低嫁接后成活率。如果用量少,不如开春发芽前再采集;用量大,可将采集的接穗埋于地下30厘米处,选择背阴处,与细沙混埋,沙中含水量不宜过大。将接穗冬季放入红薯窖内保存不行, 因窖内温度往往会达10℃左右,接穗长时间存放最容易腐烂。

45. 幼龄核桃树生长慢的原因是什么?

【案例】中农乐千乡万村 APP"在线问诊"用户问:我家栽的5亩核桃树都4

年了,还没有人家 2 年生的大,为什么?

答:按幼树正常生长量计算,4 年生核桃树已进入初果期了。幼树长势慢,有以下几点原因。

(1)土壤瘠薄,水肥条件差,营养严重匮乏,幼苗长年处于饥饿状态。

(2)行间连年套种高秆作物,顾此失彼,不把小树当回事。

(3)栽植时挖坑太大,根系埋地较深,根部阳气不足。

(4)幼苗砧木为毛核桃根系,与接穗亲和力较差,导致导管筛管上下流通受阻,地下发根缓慢。

46. 苗未定干树已达六七米高,怎么办?

【案例】山西省芮城县学张乡尉××问:我栽植了 10 亩核桃,品种为中林、香玲等,行株距为 4 米×3 米,亩均 55 株,栽后苗未定干,管理措施不到位,导致现在主干达六七米高,内膛不发枝,下半部枝条长不起来,现在不知该咋办?

答:核桃树栽植后首要任务是定干,水地留 1 米,旱地留 0.8 米,这是成功的第一剪。剪后剪口下发枝,发的新枝能起牵制作用,树就不会直往高处长,横向生长才会大于纵向生长。只有这样,低干矮冠丰产树形才能形成。现在补救的办法是落头,落头后锯口用愈合剂涂抹封口,等来年下部发枝后,再选择培养基部骨干枝。在落头促基部发枝的同时,适当加大地下肥料的投入量。

47. 香玲品种管理中需注意啥?

【案例】山西省永济市蒲州镇孙××问:我栽了几亩核桃树,今年已第六个年头,收获干果 350 千克,亩均 100 多千克,已初见成效。品种为香玲和钻石,行株距为 5 米×3 米,想继续收获高产,下一步从哪抓起?

答:你栽的品种不错,还舍得投资,只要综合管理技术能跟上,优质高产不成问题。建议你做到如下几点。

(1)香玲、钻石都是早实丰产品种,需肥量大,一定要让树吃饱,尤其是秋施基肥。

(2)香玲品种大量挂果后,内膛小型结果枝容易衰弱死亡,在日常管理工作中,要注意更新复壮。

(3)株距只有 3 米,一定要注意控冠,杜绝株间密闭,将株高控制在 3 米左右为宜,多回缩长母枝。

48. 140 亩山地核桃如何实现综合管理?

【案例】山西省稷山县西社镇乔××问:我承包了 140 亩山地栽植核桃,山的北沟底有一个小水库。栽植的核桃树品种不详,行株距为 5 米 ×4 米,亩均 33 株。核桃树长势还好,园貌整齐。从栽树至今从不施化肥,自己养了 100 多只羊,全年以施羊粪为主。由于地理条件因素,园地位置较高,每年大风天多于平川地带。应该如何管理?

答:园中的幼树长得不错,虽然树冠大小不一,但园貌比较整齐。因此,一定要把精力放在综合管理上,各个关键环节都要考虑周全,避免失误。园北沟底有个水库,有条件的话将水引到山上来,可彻底解决干旱无水问题。注意树形的合理培养,山高风大,树冠宜低不宜高,建议按照中农乐提倡的矮冠自然圆头形整形,避免高、大、空。冬季修剪时要将剪口芽选择在春梢饱芽处,以利于来年能迅速扩大树冠。羊粪是好农家肥,与速效化肥混施比单施好。

49. 栽树 6 年不会管理,怎么办?

【案例】山西省运城市盐湖区上郭乡陈××问:我栽植了 7 亩核桃树,旱地,没有浇水条件。行株距为 6 米 ×4 米,亩均 27 株,品种不详,园中未挂果的树不在少数。栽树至今未施过任何肥料,一年四季只知道锄草,病虫一概不防不治。幼树夏不管、冬不剪,任其自由生长,树一直往高处长,纵向生长大于横向生长,树无形,更谈不上结果枝组的培养。下一步何去何从?

答:这种核桃园比较有代表性。幼苗栽植后不浇水、不施肥、不防虫、不治病、不整形、不修剪,常年只知道锄地,其余啥都不管,这类园肯定难赚钱。要改变现状,先抓两点。

(1)先从综合管理入手,该施肥时且施肥,该打药时且打药,任何环节都不能耽搁。

(2)整形修剪莫迟缓。栽后 6 年,放任不管,树形肯定乱。建议先将树冠最高处往下降,锯口必须甩小辫,促使下部多发枝。再将后部已光秃的骨干枝延长头往回缩,促使后部多发枝,不怕小枝多,不怕内膛密,发枝量越多越好。

50. 核桃幼树枝条上部为啥年年都会枯死一截?

【案例】中农乐千乡万村 APP"在线问诊"用户问:核桃幼树枝条上部年年都会枯死一截,咋回事? 是冻害吗?

答:应该是脱水所致,非冻害所为。此现象在幼龄树上多见,又叫抽条,主要原因是枝条内含水量不足造成的。核桃树虽耐干旱,水多无益,但冬季必须浇封冻水,尤其是 4 年以内的新栽幼树。

51. 5 年生核桃树怎样才能早进入盛果期?

【案例】中农乐微信公众平台读者问:我家栽的核桃树已有 5 年树龄,品种不错,我想知道如何能早进入盛果期?

答:5 年生幼树应该就进入了初挂果期,只要管理得当,在 2~3 年内就能进入盛果期。要记住,初挂果树产量高低,不是看树有多高、枝有多长,关键是看全树总枝量有多少,看树冠内的小枝量有多少,枝量越多,产量就越高。冬剪操作手法必须掌握好,"剪前去秋枝,剪后花带头",要先让当年生枝条上所形成的花芽都能萌发结果。核桃树的结果习性与其他果树不同,必须先生出一个 5~7 片叶的新结果枝,然后利用新结果枝的顶芽开花结果。下部每个叶腋间的芽,只要营养充足,管理得当,当年都能形成花芽,来年即可结果。这样下年的结果部位就可扩大数倍,同时产量也会大幅增加。只要水肥充足,便能早进入盛果期。

52. 改接换头 4 年挂果量仍小,怎么回事?

【案例】山西省芮城县风陵渡镇郑××问:我栽了几亩核桃树,行株距为 5 米×4 米,亩均 33 株,栽后几年才发现品种较杂,大多数树都不挂果。于是进行了全园改接,品种不详。现在,改接换头已 4 年,树冠已经长大,但挂果量还是不大,果个也小。这可咋办?

答:对于那些结果少、果个小,没有发展前途的树,必须另行高接换头。你园中有几棵树近年来表现不错,结果多、果个大,品质也好,虽叫不上是啥品种,但完全可以适当发展。冬季可重剪,促使春季多发枝,等到 6 月上旬,便可从树上剪接穗,这样做比请别人从外地带接穗效果好得多。对于需要高接换头的树, 发芽前应重去枝, 将骨干枝从树干与主枝分叉处附近去掉, 锯留长度

20～25厘米为宜,最下边留一小枝放任不管,作为辅养枝对待,以防去大枝过多造成树势衰弱。

53. 嫁接的中核短枝和中林3号管理上应注意啥?

【案例】山西省临猗县临晋镇刘××问:我栽植了15亩核桃树,行株距为4米×3米,当时栽的全是实生苗,生长一年后进行了嫁接,品种选择的是中核短枝和中林3号,今年早春遭霜冻,造成减产,但中途病虫害防治工作及夏管工作没敢耽搁。现在树势健壮,花芽饱满,长势不错。接下来该怎么干?

答:栽树时选栽实生苗,选好品种后再嫁接,这也是一种好办法,可以有的放矢,还免去了买假品种的烦恼。你嫁接的品种为中核短枝和中林3号,这两个品种都不错,夏季嫁接已4年,树冠也已长大,应该快进入盛果期了。中核短枝是郑州果树研究所推广的品种,产量高、易丰产,品质也可以,在山西省稷山县中核短枝园内表现不错,但果个显小,这是该品种唯一的不足之处。所以,进入挂果期后施肥量一定要足,尤其是秋季要施足底肥,让植株越冬前大量贮存营养物质,为来年春季抽枝长叶、开花坐果及果实膨大打好基础。浇水应以前期为主,进入6月上旬后,天不大旱,控制浇水量,不要多浇水。

54. 品种较杂的密植核桃园该怎么管理?

【案例】山西省运城市盐湖区席张乡袁××问:我家里建了8亩核桃园,苗木是村里发放的,品种不详,从果实分辨有三种类型。行株距为3×2.5米、4×2.5米,属密植园,没有浇水条件。不会修剪请人剪,不会夏管请人管,折腾了几年,树无形,结果少,收入还不够投资。还有必要坚持下去吗?

答:品种较杂难丰产。对那些不结果或结果少的树,夏天用方块芽接法高接换头,每棵树可嫁接5个芽子以上,这样只需一年时间便可开花结果,逐渐丰产。核桃树宜稀不宜密,行株距5米×4米,亩均33株较为合适。2.5米株距太小,建议隔一去一间伐最好。另外核桃树需水量少,旱地也可以栽植。但施肥量一定要足,要重视秋施基肥,不然会因果个偏小难以销售。

55. 核桃树换头时从地皮处锯掉正确吗?

【案例】山西省稷山县太阳乡董××问:我家中5亩7年生核桃园,行株距为 5 米×5 米，品种不详，现在大多数还未挂果。第 5 年后开始陆续换头，方法是从地皮处锯掉，夏季在新生枝条上芽接。现在最高的树达 7 米开外。栽树以来，从未打过药，行间连年套种玉米、小麦等。这样干行吗？

答：建议对不结果或结果少的树尽快更换品种，从五拳头高处锯掉即可，切莫再从地皮处去锯。治虫防病是任何果树丰收的保障，要当回事来抓。行间不要套种任何庄稼。高树要落头，夏要管，冬要剪，加大施肥量，这样做，才有希望。

56. 全园 12 个品种挂果都很少是怎么回事？

【案例】山西省稷山县太阳乡黄××问：我家中有 8 亩核桃园，5 年生树龄，行株距为 4 米×3.5 米，亩均 48 株，品种不详，从核桃形状上分析，全园约有 12 个品种，杂乱得很。卖的钱不够全年投资投工的钱。每年浇一次水，施一次肥，树上从来没有打过药，行间种药材，树多年来基本放任不管。该咋办？

答：一个 8 亩的园，就有 12 个品种，即使丰收了也会因品种太杂不好销售，要尽快将产量低、品质劣的树高接换头。树龄已 5 年，建议行间不要再种任何庄稼了，应该将药材刨掉。施肥量要足，优质高产园，要有足够的营养物质做基础。

57. 8 米高核桃树一次落头到位可以吗？

【案例】山西省稷山县太阳乡卢××问：我栽了 2 亩核桃树。行株距为 5 米×4 米，亩均 33 株。不会修剪也从不修剪，任其自由生长，现在园中最高树已达到 8 米。10 年生核桃园收入实在太少，不够投资，黑仁、日烧病严重发生。咋办哩？

答：8 米高的树已形成了高、大、空，这类树首要任务是落头。操作时不可一次到位，分 2～3 年逐步进行。黑仁核桃一是壳里有虫，二是采果太晚；日烧病主要是果实受太阳直射造成的，因此，合理培养树形是关键，低干矮冠，商品率高。旱地浇水不便，冲施肥困难，可选用营养肥涂干，从发芽前开始涂，10 天一次，操作方便，增产效果明显。

58. 高接换头香玲品种的第二年 70%挂果，下一步该咋办？

【案例】山西省稷山县太阳乡黄××问：我先后栽植了核桃树 8.5 亩，其中

7 年生 2 亩,品种不详,栽后多年未挂果,前年已全部高接换头。3 年生 6.5 亩,品种为香玲,栽后第 2 年就有 70% 幼树挂果。行株距为 4 米×4 米,亩均 42 株。由于不懂核桃树的管理,现在该怎么办?

答: 亩均 42 株较密植,从幼树开始就应控冠,从小到大,宜用结果枝扩大树冠。香玲属于早实高产品种,肥力一定要足,尤其要重视秋施基肥。核桃树年周期内需水量不大,旱地可以栽植也能够丰产,但土壤要疏松,要能储墒,最好的办法是多施生物有机肥。

59. 300 亩核桃园投资大结果少怎么办?

【案例】山西省绛县南樊镇王××问:我有 300 亩核桃园,水利设施配套,山间小路硬化,树龄 7 年,园中品种以辽核系列及中林系列为主,行株距为 4 米×3 米,亩均 55 株,海拔 500 多米。栽后未定干,也不懂管理,树高 5 米开外,下半部光秃,全凭树梢结果。投资不小结果少,设备齐全没收入。咋办呢?

答: 如果不会管理,投资再大也是白搭。现在首要问题是落头,树冠不要那么高。要让枝尽量横向生长,控制纵向生长,培养树形时横向生长必须略大于纵向生长,头脑中要抛弃三大主枝和一层、两层、三层的观念,不能把核桃树当苹果树来管。

60. 核桃树嫁接后挂果仍不理想咋回事?

【案例】山西省永济市栲栳镇陈××问:家里栽了 9 亩核桃树,5 年树龄,行株距为 6 米×4 米,亩均 28 株。品种杂乱,从栽后第 3 年开始每年都要嫁接一部分,挂果还是不理想。尽管采取了很多办法补救,但还是不尽如人意。怎么办?

答: 我最担心的是你园中品种不好,多数已经高接换头,但重新嫁接的又是什么品种,能否高产优质? 好品种接穗嫁接后第 2 年便会挂果,显出丰产特征,这点从你园中看不到。再者要加大地下投资力度,多施肥、少浇水,避免狂长,稳定树势,促进花芽正常分化,下年产量才会大增。

61. 核桃园品种是否要依据市场售价高低来更换?

【案例】山西省汾阳市宋家庄武××问:我有 20 亩核桃树,树龄 20 多年了,老品种占多数,近年部分嫁接了晋龙等品种。行株距为 4 米×4 米,亩均 41 株。这几年新品种每千克售价 8 元,老品种每千克售价 4 元,售价相差一半。20 亩园,减去投资,亩纯收入不到千元。有没有好的发展建议?

答:汾阳核桃名气大。既然晋龙等品种好销售,就应该尽快将园中的老品种高接换头。你园中的大树多在 8 米高,已形成高、大、空,应适当落头,让内膛发枝,将结果部位往下移。拖拉机旋耕后地表 20 厘米深的核桃根系损伤严重,得不偿失,应避免此操作。

62. 核桃品种不详而且挂果量低,咋办?

【案例】山西省稷山县太阳乡黄××问:我先后栽植核桃树 24 亩,有水地、有旱地。其中 17 亩已 7 年树龄,品种不详,株行距因地理条件限制也不规则。现在大树已形成高、大、空,结果少,产量低。但其中有 7 亩为新栽植的优系苗木,目前 80%挂果。下一步该咋办?

答:17 亩大龄树,当务之急是落头,控制顶端优势是关键。树顶不要那么高,低干矮冠才丰产。树顶端及外围未挂果的枝现在就可以落头回缩,挂果的枝可待卸果后立即落头回缩,其目的是让树冠横向生长要略大于纵向生长,促使内膛多发枝。新栽的 7 亩幼树,品种是早熟高产系列,第 1 年、第 2 年将果疏掉,迅速扩大树冠,第 3 年开始再少量挂果,以果压冠,可使植株紧凑,间节变短。树形建议选用矮冠自然圆头形,挂果早、易丰产,并且好管理。施肥量要足,病虫害防治也要及时,综合管理水平提高了,核桃园自然能丰产。

63. 核桃树抽条严重是啥原因?

【案例】山西省长治市西池乡宋××问:我承包了 150 亩坡地,栽上了核桃树,品种为香玲和元丰,行株距为 5 米×4 米,亩均 33 株,没有灌溉条件。树龄 3 年,树不成林,没有长起来。其原因是栽后第 1 年冬季抽条严重,大部分苗木上半部枝条都干枯死亡;第 2 年春季又从基部萌发出新生枝,有的已从根部死亡。造成全园幼树大小不一,园貌不整,还有部分从基部萌发出的实生苗,需要重新嫁接。下一步该怎么办?

答:枝条出现死亡现象大多是脱水造成,并非冻害所致。核桃树能抗 -28℃的低温,一般冬季应该不会达到这个临界值。因此,幼树冬季应补浇一次封冻水,没有灌溉条件的可用三轮车拉水补浇。3年后树体长大,根也扎稳,封冻水可以不浇。另外,实生苗需嫁接,香玲、元丰品种不错,接穗可以从本园采取。

64. 3月份栽植核桃树技术上应注意啥?

【案例】山西省曲沃县曲村镇巨××问:我有8亩地,地势平坦,有灌溉条件,海拔约650米,3月上旬计划选苗栽植,现在急需中农乐核桃研究所在技术方面给予具体指导。

答:选择好品种是关键,这是成功的基础。行株距以5米×4米,亩栽33株为宜。密度大了不便管理,且病害严重;密度太小产量又上不去。栽植时宜浅不宜深,更不宜栽时挖大坑。栽后定干宜低不宜高,水地0.8~1米即可。

65. 栽树前先挖0.8~1立方米大坑科学吗?

【案例】中农乐千乡万村APP"在线问诊"用户问:栽树前先挖大坑,一般要求0.8~1立方米,这种方法科学吗?

答:挖大坑必须提前一年时间,让土壤充分沉淀后再栽,土层不乱,成活率最高。如果要大坑栽植,应在上年秋后将坑挖好,然后土肥混合回填,浇足水让其充分沉淀后再栽为好。挖大坑后马上栽树,会使幼苗持续沉淀,弊大于利。

66. 太阳能电池板高架棚下栽核桃树可以吗?

【案例】山西稷山华明热力有限公司问:我公司位于稷山县蔡村乡,占地420亩,主要利用太阳能发电。太阳能电池板为高架棚式结构,棚与棚之间宽14米。靠北边已栽植樱桃、冬枣等,占地7米,再留2.5米通道,还余4.5米宽空地。想在空地栽上核桃树,可以吗?

答:电池板高架棚之间栽核桃树是正确的决策。因为棚高为6米,两棚之间的距离为14米,每日太阳直射光为8小时左右,而核桃果实不需要着色,并且高温天不宜在强光下直射,所以,棚与棚之间栽核桃树比栽其他果树更适宜。但要注意如下几点。

(1)必须选择早实、高产、优质品种。

(2)栽前用菌剂稀释液泡根6~12小时,让其吸足水,确保成活率。

（3）栽后 80 厘米定干，低于 80 厘米的不动剪。

67. 高密植园结果大树产量低，怎么办？

【案例】河南省陕州区宫前乡刘××问：我有 10 亩核桃，品种为香玲、辽核，行株距为 4 米×2 米，亩栽 80 株，每年春季施复合肥 1 次，全年打药 3 次，每年后秋早期落叶病严重。多年不会管理也不会修剪，10 亩 13 年生结果大树年收入不上万，收入少了更舍不得投资，造成恶性循环。我该如何走出这个怪圈？

答：核桃树亩栽 80 株属高密植园，株距只有 2 米实属少见，应隔一除一间伐，不然树会越长越高，没有经济效益。早期落叶也与过于密植有关。同时你要学会修剪，树冠下半部结果枝坏死，证明更新换代赶不上，因此，过高的树要落头。注意加大投资，让树先吃饱。全园植株处于饥饿状态，花芽也难以分化，要想高产谈何容易！

68. 结果大树内膛空、产量低，该从何抓起？

【案例】山西省稷山县太阳乡丁××问：家中 11 亩核桃树全是自己亲手管理，其中有 8 亩结果大树，8 年树龄；3 亩幼树 2 年树龄。大树品种较杂，连续换头两次，现基本都已结果；幼树为香玲，行株距是 5 米×4 米，品种不错。园中土壤为红垆土，有灌溉条件。现在最大的问题是产量一直上不去，该从何处抓起？

答：8 年生结果大树内膛显空，结果部位集于外围，必须落头，各骨干枝也要回缩，将营养往回压，促使内膛多发枝。同时要加大地下投资，要重视秋施基肥。红垆土保墒性虽好，但容易板结，通气不良，浇地时要冲施疏松土壤菌剂，提高肥料利用率，起到壮树增产效果。

69. 如何提高核桃产量和品质？

【案例】山西省万荣县荣河镇郝××问：栽有 25 亩核桃树，海拔 450 米，6 年生树龄，品种不详，行株距为 5 米×4 米。每年施肥 2 次，浇水 4~5 次，栽树至今杀虫剂、杀菌剂一概不用，园中病虫害发生严重，导致产量低，品质劣，经济效益低下。该咋办？

答：核桃树需肥量大而需水量小。6 年生的树已进入盛果期，一定要加大施肥量，地下施、树干涂、叶面喷相结合，让树先壮起来。浇水次数及浇水量要减少，年周期内浇 2 次水即可，生长期不可用大水漫灌。搞好病虫害防治，适时采收。

70. 中核短枝品种在管理中应注意啥？

【案例】山西省稷山县太阳乡高××问：新建了 8 亩核桃园，3 年生苗木，高度达到 2 米左右，品种为中核短枝。行株距为 4 米×3 米，亩均 55 株，栽后还未定干，下一步该怎么管？

答：你栽的核桃品种为中核短枝，树形紧凑，挂果早，丰产性强，但与其他品种相比果个显小。因此，进入结果期后，地下一定要施足肥，尤其是要重视秋施基肥。新建核桃园栽后必须定干，宜低不宜高，水地留 1 米即可，剪后用愈合剂封口。新栽的幼树最怕金龟子吃光嫩芽，发现有金龟子后，应及时在傍晚喷打触杀。

71. 纸皮核桃如何应用高产栽培技术？

【案例】山西省运城市盐湖区三路里镇李××问：家中栽植了 12 亩核桃树，6 年生树龄，品种为纸皮，行株距为 4 米×4 米，亩均 41 株，每年秋后施肥 1 次，全年喷药 4~5 次。前几年不会整形，不懂修剪，基本属于放任不管，上一年春季才有幸接触到中农乐核桃高产栽培新技术。我该如何入手？

答：核桃树年周期内需水量不大，旱地也可以栽植，但封冻水要浇足。纸皮核桃又叫薄皮核桃，品质优良但产量相对较低，每年果实卸后施足底肥，生长期叶面多喷几次钙肥，避免露仁现象发生。至于树形培养及修剪手法，希望你多参加中农乐培训班，学到真技术。

72. 核桃树嫁接部位太高，怎么处理？

【案例】山西省运城市盐湖区陶村镇董××问：家中 5 亩核桃树，行株距为 4 米×3.5 米，亩均 47 株，品种杂乱，栽后几年对不结果的树进行了高接换头，嫁接后树已长大，但产量一直上不去，主要原因是嫁接部位太高，结果多在树梢。下一步该怎么处理？

答:嫁接部位过高,即使嫁接的是好品种,产量也上不去,好多人都吃过这个亏。树冠小,难成形,下部有效结果容积得不到合理利用,要想高产,谈何容易!建议嫁接部位宜低不宜高。现在树已长大定形,建议不要再折腾了,要充分利用核桃树背下枝生长快而背上枝生长慢的独特习性,着重培养背下枝。冬剪时选饱满芽下剪,多培养发展裙枝,占领基部空间。生长季节,多冲施肥料促壮树势,冬夏结合,尽快达到预期目的。

73. 高接换头后的首要任务是啥?

【案例】山西省襄汾县西贾乡李××问:家中栽了10亩核桃树,行株距4米×3米,品种不详,栽树6年,树冠长大,但多数树不结核桃,去年下狠心进行了改接换头。不知下一步该怎么办?

答:如果品种不对路,再大的付出也白费。你去年对园中不结果的树已高接换头,这是正确的做法。高接换头后,迅速扩冠是第一目标,在扩冠的同时还要通过打顶手法增加中短枝数量,树冠内膛要充实。低干矮冠、株形紧凑是树冠发展方向。该浇水时就浇水,该追肥时就追肥,病虫害防治要及时,只要管理好,几年内便可丰产。

74. 三大主枝形核桃树能丰产吗?

【案例】山西省闻喜县郭家庄镇王××问:家中栽了6亩核桃树,5年树龄,品种为香玲和辽核,行株距为5米×4米,由于对核桃树管理方法一窍不通,前几年只能模仿苹果树的管理模式,下面留三大主枝,然后培养二层、三层,层间距留1米,将树上多数枝全疏掉。这样做对吗?

答:核桃树的十大生理特点及生长习性,是培养树形、冬季修剪、夏季管理、施肥浇水等工作的依据,日常管理必须顺应核桃树的特性来科学操作。核桃果实不要求着色,没必要搞三大主枝又分层那一套。核桃树要丰产,树冠内膛的结果有效容积要人为培养,中、短枝尽量布满,这是夏管工作的核心;通风透光用行间距解决。香玲和辽核都属于高产品种,地下施肥量一定要足。

75. 播种核桃籽建的园该如何管理?

【案例】山西省运城市盐湖区上郭乡陈××问:家中用核桃籽种了16亩核

桃树,行株距 3 米×3 米,亩均70株,属密植园,树形属于主干形。多年来自己摸索冬剪、夏管,每年用大水漫灌 4 次,追肥 2 次,打药 6 次。栽树至今费劲不小,但收入不多,近两年每年亩均收入 1000 多元。求教怎么办?

答:你的核桃园栽的不是苗子,而是地下播种核桃籽。当时听说这个品种不用嫁接,苗木出土后便可带果。现在树已长大,90%的树从不挂果,才发现有问题。只有高接换头才能解决问题。建议如下:对于园中还不结果的树,换头要彻底;行株距 3 米×3 米太密植,最好能隔行间伐;注意加大肥力投入,促壮树势。

76. "剪前去秋枝,剪后花带头"是啥意思?

【案例】山西省闻喜县郭家庄镇张××问:家中栽了 1.5 亩核桃树,品种为中林,苗木纯正,行株距为 5 米×4 米,梯田地,红垆土,海拔为 740 米,具有灌水条件。每年 2 月份和 5 月份各灌溉 1 次,秋季及春季各施肥 1 次,全年打药 3~4 次,地面实行生草制。近年产量不错,去年亩均干果 200 余千克。老师可否给把把脉?

答:你的核桃园,从园貌现状及地理条件分析,虽然亩数不多,但品种纯正、条件优越,只要再下功夫,该园还有很大的增产潜力。冬季先从树形改造着手,将过高的树往下落,将过长的骨干枝往回缩,这样就可改变枝条后半部光秃现象,结果部位集于内膛,还可减轻日灼病发生。在修剪手法上还应改进,核桃树修剪口诀要领会,"剪前去秋枝,剪后花带头",不能一直轻剪长放。这样做就可使株形紧凑,内膛充实,避免形成高、大、空。还要重视浇封冻水,加大秋季施肥量,产量便会大增。

77. 刨了苹果树栽核桃树有啥需注意的?

【案例】山西省临猗县北辛乡张××问:我有 16 亩苹果园,水浇地,黄绵土,海拔约 470 米。栽植苹果树 20 余年,想刨掉苹果树栽核桃树,如果可行,该选择什么品种?

答:刨掉苹果树栽核桃树可行,不属同科植物影响不大。苹果树刨掉后最好立即施生物菌肥,均匀深旋施于地下,以菌制菌,可有效杜绝及排除再植病隐患。品种选择很重要,辽核、中林、晋龙、香玲、清香等都是好品种,可以到你村周围先考察,后选种。栽植密度以行株距5米×4米为宜,亩栽33株。

78. 全园改接香玲品种行吗?

【案例】陕西省大荔县段家乡董××问:家中栽了9亩核桃树,6年树龄,其中2亩为香玲品种,剩余4亩品种杂乱。树形以开心形为主,多年不修剪,树已形成高、大、空,9亩园今年只卸了4000千克左右青果。从栽树至今从来不夏管,生长季节共打药3次,追肥2次,浇水2次,主要都集中在春夏季。该怎么管理更科学?

答:香玲是个好品种,果个匀、产量高、品质好。明年夏季可从这2亩香玲树上采接穗,嫁接到其余4亩不结果或结果少的树上。高接换头的树2年便可丰产。不仅要重视秋施基肥,还要重视冬浇封冻水,防治病虫害。

79. 高接换头后成活率只有20%,是什么原因?

【案例】山西省稷山县太阳乡王××问:建了30亩核桃园,8年树龄,全园植株形成高、大、空,更谈不上经济效益,还倒贴进去4万多元。主要原因是品种杂乱,自己又不懂技术,连续4年聘请嫁接工高接换头,但成活率只有20%左右。该怎么办?

答:只重规模,不会管理,赔钱是必然的,这样的例子很多。你园中品种杂乱,但有部分中核短枝,可从该树上采接穗。嫁接时最好用方块芽接法,时间选在6月上中旬。你核桃园行株距为4米×3米,亩均55株,属密植园,培养树形时控制冠径是关键,尽量让其低干矮冠、株形紧凑,对于过高的树冬剪时落头。秋施基肥是当务之急。

80. 7年树龄核桃园产量低、收益差,该咋办?

【案例】河南省长葛市董村乡楚××问:前几年从别人手中接管核桃园约70亩,7年生树龄,行株距为4米×4米,品种五六个,平地黑绵土,有灌溉条件。接管两年,请当地苹果种植专家当老师,产量一年比一年低,算下来两年就赔进了十多万元。该如何走下去?

答:70亩7年树龄核桃园按说已进入盛果期,如果管好了收入应该不错。园址条件优越,黑绵土,土壤肥沃,保肥保水能力强,还具备灌溉条件,只要管理技术能跟上,前景是十分可观的。品种不对,努力白费。首先要将园中不结果或结果少的大树高接换头,去劣换优,这是高产优质的基础,这项任务争取在翌年夏季完成。园中过高的树冬季落头。树冠高高,不结核桃;株形紧凑、低干矮冠,才是丰产的前提。在落头同时,要加大地下肥力投入,促使内膛多发枝,尽快完成大树改造工作。

81. 核桃园品种杂,产品难销售,怎么办?

【案例】陕西省延长县张家滩乡李××问:建了60亩核桃园,树龄8年,共产干果约1万千克,亩均约170千克,在当地算是不错的园。园址地势平坦,海拔约900米,黄绵土,没有灌溉设施。植株品种不详,较为杂乱,行株距为5米×4米,亩均33株。由于对核桃管理是门外汉,多年请师傅整形修剪。产出的核桃品质低,难卖个好价钱,我该怎么办?

答:园中品种太杂是让人最担心的事。品种杂商品率会大大降低。可在你当地选个适应性强的好品种高接换头,加强管理,两年时间便可有改观。

82. 新疆核桃园出现高、大、空,怎么办?

【案例】新疆库车县玉奇吾斯塘乡艾×××问:前几年,我承包了100亩核桃园,品种为温185和新疆2号,树龄15年左右,行株距为6米×5米,亩均22株,为稀植园。由于多年不知培养丰产树形,夏不会管,冬不会剪,长年放任不管,导致现在树高已达10米开外,形成典型的高、大、空。结几个果全集于顶端,果个小,产量低。怎么办?

答:温185、新疆2号都属好品种,在全国知名度较高,产下的果实不愁卖。现在主要问题是,15年生的树已形成高、大、空,核桃果个小,产量低。要改变现状,只有逐年落头。树高已达10米开外,落头时切不能一步到位,操之过急会压而不服,越落头越强。落头要与夏管相结合,发芽时锯口处要抹芽,下部新枝长到4~6片叶时要打顶,促使内膛及树冠中下部多发枝,多培养结果枝组。在施足底肥的基础上,产量会连年翻倍。

83. 品种8518产量低能更换品种吗?

【案例】河南省陕县西张镇刘××问:我家建了60亩核桃园,品种为8518。

行株距为 4 米×3 米,亩均 55 株,属于密植园。由于栽后不懂技术,多年聘请当地能人剪树,疏枝过多,树已形成高、大、空,多数树已达 7 米以上,结果不多,还集中在顶端及外围。去年 60 亩 10 年生大树产的核桃总共只卖了 2.3 万元,生产经营非常困难,该怎么办?

答:8518 在山西运城地区栽植面积较大,但这几年大部分陆续换了头。如果在西张镇产量上不去,也建议更换品种。亩栽 55 株,对核桃树而言属于密植园,一定要控制树冠大小,株形紧凑、低干矮冠、内膛充实,才是发展丰产树形方向。过高的树必须落头,促使树冠中、下部发枝。在落头的同时,加大地下投入,减少根腐病发生。

84. 如何高效管理 800 亩主干形核桃树?

【案例】河南省伊川县白元镇李××问:我是当地核桃栽植大户,在承包的山坡上先后共栽植核桃 800 多亩,树龄已达 7 年,品种有辽核、清香、中核短枝等。行株距为 6 米×4 米及 4 米×3 米,栽植后一直按主干形培养,现在全园株高多数在 6 米以上,树冠中下部多数中小型结果枝已逐年死亡,内膛严重光秃,产量低、品质低、效率低,去年 800 亩园产的核桃还卖了 20 多万元,今年只卖了几万元。每年春季施肥一次,全年平均打药两次。管理粗放,技术不到位,我的问题该怎么解决?

答:800 亩核桃园,园主担子重、农事多、业务烦琐,要想有效益,必须科学规划管理。辽核、清香、中核短枝都属于优质高产品种,只要管理技术到位,肯定能赚到大钱。核桃树适用于矮冠自然圆头树形,建议你将主干形逐年落头改造成矮冠自然圆头形。要重视秋施基肥,将全年 70% 的施肥量放在秋季,会大大提高肥料利用率。重视病虫害防治的同时,提倡地面生草制,不但省工,还能提高土壤有机质,蓄水保肥。

85. 200 亩核桃园如何在 15 年承包期内高产高效?

【案例】河南省伊川县高山镇苗××问:家中建了 200 亩核桃园,承包期 15 年,树龄已 3 年,多数株高已达 2 米。品种为清香,行株距 5 米×4 米,亩均 33 株。建园定干后,至今一直未夏管也未冬剪,基本属于放任不管。每年冬季施肥一次,多以农家肥为主。下一步怎么办?

答：承包期只有15年，要充分利用当地自然条件，加大技术投入，让树尽快成形，尽快进入丰产期，尽快挣大钱。建议你做到以下几点：3年生幼树从未整形修剪过，虽有耽搁，但基部从未疏过枝，这也是好事，现在重新整形还来得及。清香是个好品种，产量高、品质优、不愁卖，以中短枝结果为主，当年新生枝条夏季要多摘心。红垆土黏性大，透气性差，要多施生物有机肥。

86. 施肥、浇水、打药、除草样样活都不落下，但仍没效益，咋办？

【案例】山西省绛县古绛镇乔××问：我17年前栽了5亩核桃树，品种为辽核。从建园至今，工夫没少下，施肥、灌水、打药、除草，样样活计都没拉下，也舍得投资，但没有效益。追根溯源，问题出在技术上。请问有没有好的技术？

答：你的核桃园品种好，投资大，但产量低，效益差，每年收不抵支。主要问题是管理技术不到位，操作手法与核桃树生理特点与生长习性不匹配。树龄15年，行株距是4米×3米，株高已超过6米，早已形成高、大、空。尽管每年施肥、灌水、打药、锄地，投资不少，下功夫不小，但还是连年赔钱，这就要求你要系统掌握核桃管理技术。

87. 100亩6年生核桃树迟迟不见挂果，怎么办？

【案例】重庆市彭水县保家工业园区王××问：在家乡建了1000亩核桃园，属农场模式。3年后又高接换头，改接后的品种为蜀兴1号及蜀兴6号，属于当地优质丰产类型。行株距为4米×4米，亩均42株。园址土质为黄黏土，保肥蓄水力强，海拔700~800米，没有浇水设施，但当地年降雨量在1200毫米左右。每年施农家肥1次，多集中施于冬季。栽后由于管理方法欠妥，树无形，还迟迟不挂果，从建园至今已6个年头，还没收入。请问该怎么办？

答：黄黏土，蓄水保肥能力强，条件较好。如果技术管理到位，1000亩大园效益应相当可观。掌握技术是关键，不能将核桃树当苹果树管。亩均42株有点密植，控制树冠很重要，以防园内密闭。建议按照中农乐矮冠自然圆头形要求培养树形，杜绝高、大、空。黄黏土通气性较差，地下要多施有机肥，多施生物菌肥。

88. 疏散分层形树形是否适宜核桃树？

【案例】河南省伊川县白沙镇张××问：我栽了100亩核桃树，树龄已5

年,有些树开始挂果,园中品种有:香玲、钻石、清香、薄壳等。行株距为 5 米×3 米,园址地势平坦,没有浇水条件。树形为疏散分层形,修剪时当年生枝一般留 0.8~1 米处下剪,树冠内膛已光秃。每年施肥一次,以氮、磷、钾含量各 15% 的复合肥为主。多年除春季打一次石硫合剂外,全年基本不打药。下一步是否应把重点放在树形上?

答:香玲、钻石、清香、薄壳都是好品种,产量高、品质好、不愁卖,但管理一定要到位。疏散分层树形不宜在核桃树上应用,否则,容易形成高、大、空。修剪手法更重要,修剪口诀要记熟,要领会,要以培养中短型结果枝为主。在培养好树形的基础上,病虫害防治不能马虎,应重视秋施基肥。含大量元素各 15% 的肥料最好不要施。氮磷相比磷减半,核桃树需磷量较少,选肥料时应注意。

89. 如何对已进入恶性循环的大面积核桃基地进行管理?

【案例】山西省绛县南樊镇王××问:我园面积为 1780 亩,海拔 700 米左右,土质多为黄绵土与红黏土,配有灌溉设施。园中树龄已 8 年,实际株数约 30000 株。行株距为 4 米×3 米,较为密植。品种较杂乱,其中有部分中林、西林、辽核等良种,挂果量还算可以。其他不结果或结果少的树占一半以上,还有部分未嫁接过的实生树。由于多年整形修剪手法不妥,现在大多植株已形成高、大、空,产量上不去,收入甚微,导致基地年投资量减少或干脆不投资,造成恶性循环。去年秋季肥未施,树未剪,现在基本属于放任不管的核桃园。下一步可怎么办呢?

答:该基地要改变连年低产现状,务必积极采取科学增产措施。核桃树冬季修剪是综合管理中的关键环节,年年都要冬剪,并且手法要正确。基地已配套灌溉设施,应科学浇灌封冻水,可促花芽饱满,使植株能安全越冬。核桃树需肥量大而需水量小,要想丰产,一定让树先吃饱。品种不对,努力白费,要将全园不结果或结果少的树全部高接换头,这是提高全园产量的关键。

90. 文玩核桃在管理上应特别注意啥?

【案例】河南省灵宝市五亩乡赵××问:我承包了 418 亩荒坡地,全部栽上了核桃树。海拔约 1100 米,土质为红垆土,保水能力强,没有灌溉设施。行株距为 5 米×4 米,密度合适。清香和文玩核桃各半。每年施肥 1 次,选择氮、磷、钾含量各 15% 的复合肥。每年打药 3 次,春季发芽时 1 次,生长期 2 次。由于栽后苗木品种杂乱,前几年不断高接换头,虽然栽树至今已 14 年,但收不抵支,年年赔钱。今后出路何在?

答:你这个园比较特殊,文玩核桃几乎占总面积一半。从园貌现状分析,由于管理技术欠缺,前几年走了好多弯路,比如多数植株主干都在 1 米以上,修剪以长放为主,各骨干枝后部光秃严重。文玩核桃越大越珍贵,地下肥料一定要施足,氮磷相比磷减半,氮钾相比氮高点,这是肥种选择要点。

91. 株行距 3 米 × 1 米的千亩核桃园规划是否合理?

【案例】新疆阿克苏塔北路王 × × 问:我先后栽植核桃 1000 亩,最大树龄 18 年,品种为新疆 2 号和温 185,行株距有 5 米 × 4 米、6 米 × 4 米、3 米 × 1 米共三大类型。由于多年对核桃园管理是门外汉,再加上投资不到位,树已长成高、大、空,产量一直上不去,收入低,没钱投入,形成恶性循环。怎么办?

答:新疆发展核桃产业有其得天独厚的优势。你管理苹果树是高手,多年来对核桃树管理模式全套用苹果树管理模式来操作,但核桃的生长习性与苹果的生长习性不同,管理手法也各异。单从你选择行株距为 3 米 × 1 米的现象分析,你需要学的知识还很多,包括核桃树的生理特点、生长习性、树形配备、冬剪夏管等,关键性技术都要吃透才行。

92. 1 亩地栽 111 株核桃树可以吗?

【案例】中农乐微信公众平台读者问:一亩地栽 111 株核桃树,这样密植行吗? 栽树时坑中能不能拌点种肥以助成活后快长?

答:不行。核桃树是大冠乔木,栽植宜稀不宜密。一般行株距为 5 米 × 4 米,亩栽 33 株为宜。苗木脱离苗圃地,所带的吸收根不到原来的 1/3,移栽后所萌发的新根是植株本身所贮藏的养分从内到外而进行的根尖细胞分裂,是植株自身生命的修复延续。这个过程中,需要外因帮助的是水,其他助长因素待成活出叶后再用不迟。

93. 辽核核桃已经 5 年了,为啥还不见产量?

【案例】中农乐千乡万村 APP“在线问诊”用户问:辽核属于丰产品种,但去年园中 5 年树龄还没有产量,是哪个管理环节出了问题?

答:产量高与低,与树冠内膛中短枝数量有关。春季对新生枝条适时打顶,是增加枝量的主要措施之一。方法是,当新生枝条长到 4~6 片叶时及时打顶,促其分枝,这样做,一根直立枝条便可转换成为一个充实的结果枝组,来年可开花结果。

94. 树体越高越丰产吗?

【案例】山西省平陆县曹川镇下坪村于××问:我们下坪村人多地广,坡岭相连,栽树有着得天独厚的优势。苹果、桃、枣等已在当地栽植多年,但在当地整片栽核桃树还属新生事物。为了保险起见,我先试栽了 2 亩,行株距为 5 米×5 米,亩均 27 株,全凭着老经验来管理。去年树龄已 5 年,收的核桃只够自己吃。问题是不是出在管理上?

答:很多人认为树越高越大结核桃就越多,一年四季施尿素,顶端优势得不到及时控制,最终会形成高、大、空。树冠中下部的中短结果枝几年内就会死光,想高产,谈何容易!现在应先从落头开始改造树形,不能让树一直往高处长,要促使树冠内膛多发枝,内膛枝越多,产量就越高。全年以秋季施肥为主,以全营养平衡施肥为原则。

95. 香玲核桃如何管理?

【案例】山西省稷山县太阳乡刘××问:我家栽有 8 亩核桃树,树龄已 9 年,行株距为 6 米×4.5 米,结果后发现品种较杂,连续两年高接换头,现在园中品种纯正,基本是清一色香玲,去年已开始挂果,今年应该大见效益。我的做法对吗?

答:高接换头这个措施好,香玲是个易丰产品种,品质也不错。建议高接换头的树不要强求树形,迅速扩冠是第一目标;在扩冠的同时,注意让内膛多发枝,杜绝形成高、大、空。香玲是高产品种,施肥量一定要足,以秋施基肥为主,不宜在行间再套种药材及其他作物,树大了,再套种会得不偿失。

96. 高接换头的树与原栽的树在管理上有啥区别?

【案例】山西省永济市城西办王××问:因核桃产量低、仁不饱,且露仁现象严重,前几年改接为香玲,行株距为 4 米×4 米和 5 米×4 米,我也舍得在施肥、打药等各方面投资,我想尽快提高产量,该怎么做呢?

答:建园时栽的薄壳香品种又叫纸皮核桃,产量低且易露仁。现已改接成香玲,这种做法很正确。只要管理得法,投资到位,很快便能进入丰产期。高接换头的树与原栽的树管理方法有所不同,但大同小异,在培养树形上莫要强求,只要能迅速扩冠,尽快让枝条占领空间就行。冬剪时剪口选择枝条中段最饱满芽,周围多留外芽及侧芽,夏管时将新生枝条及时摘心,促其分枝,再加大地下肥料投入,很快就进入高产期。

97. 主干形核桃树每年都拉枝却不结核桃,啥原因?

【案例】河南省南阳市唐河县邢×问:我承包了 100 亩半坡地,栽上了核桃树,品种为清香,行株距为 6 米×5 米,亩均 22 株。海拔约 120 米,建园至今,一直采用主干树形,见枝就拉平,中干不拐弯,拉枝的绳索都花了几千元,费工费时。冬季不剪树,夏季不摘心,除拉枝外,树上任何活都不干,结果枝组少,树形分散,栽树都 5 年了,还未产生效益。这到底是哪里出了问题?

答:核桃树因与其他树种生理特点及生长特性不同,管理手法也不同,好多手法与其他果树是背道而驰的。如果方向不对,无论你如何努力,终究也会失败。核桃树生长特性、树形配套、修剪手法、水肥管理、病虫害防治等一系列综合管理模式你都要从头学起,不然管不好这百亩核桃园。

98. 对核桃园地面清耕科学吗?

【案例】山西省万荣县万泉乡杨××问:我家栽了 6 亩核桃树,去年亩产坚果 450 千克,有望亩产坚果超 500 千克。树龄 7 年生,品种为钻石和香玲,两个都具备高产优质特性。行株距为 4.5 米×3.5 米,亩均 42 株,较为密植。配套树形为矮冠自然圆头形,树冠不高,但比较紧凑。一年平均浇 2 次水,施肥多以秋季为主。园中地面清耕,造成行间土壤板结。这样可以吗?

答:亩均 42 株较为密植,在冬、夏管理操作中一定要及时控制顶端优势,过长的骨干枝也要及时回缩,调整好行间距及株间距,确保全园有良好的通风透光环境。钻石和香玲产量较高,但果个属于中型,适宜高水肥地栽植。因此,年周期内施肥量一定要足,秋施底肥见头功。提倡全园生草制,提高土壤有机质。

99. 栽树时挖 80 厘米大坑可以吗?

【案例】山西省古县石壁乡石壁村景××问:我承包的 200 亩山坡地栽上了核桃树,树龄 2~6 年,行株距 5 米×4 米,品种较杂。海拔约 800 米,由于当年栽树时挖 80 厘米深的大坑,栽后幼树连年沉淀,导致植株根系过深,毛细根吸收不畅,所栽的苗木生长慢、树势弱,成了"小老树"。尽管年年施肥,但园貌不整,收入甚微。该咋办?

答:品种不对,努力白费。不结果的大树必须高接换头,夏季用方块芽接法最好。栽树前挖大坑这种方法不可取,很多人都吃过亏。现在只有想法补救。既然园址为坡地,可以采取挖鱼鳞坑的办法让苗木根系变浅,提高其活力。

100. 核桃园可以用手扶拖拉机旋耕除草吗?

【案例】山西省稷山县太阳乡刘××问:我家栽有 5 亩核桃树,今年树龄已 8 年,一直没效益。由于品种太杂,前两年进行了高接换头,现在全园改成了清一色香玲品种。行株距 5 米×4.5 米,亩均 30 株,密度合适。土质为黄绵土,没有灌溉条件,天大旱时用三轮车拉水应急。地表为清耕,有草时用手扶拖拉机旋耕除草。每年秋季施肥 1 次,鸡粪和化肥混施。全年打药 3 次,多以杀虫剂为主。这样干行吗?

答:旱地栽核桃树远比种植其他庄稼收入高得多,但必须懂技术,科学管理,该干的活务必干好,不能蛮干。现在全园已改换成香玲品种,这个补救措施很好,为丰产优质打好了基础。建议嫁接后的树培养树形要灵活,不能死搬硬套,冬剪时外围应选枝条中部饱满芽下剪。不能再用手扶拖拉机旋耕地,草高后割倒增加有机质含量。

101. 10 年生核桃园亩收入不超千元,如何管理?

【案例】山西省稷山县太阳乡王××问:10 多年前我家栽植了 5 亩核桃树,行株距为 4 米×3 米,较为密植。园中还办了个养鸡场,每年养蛋鸡 3000 只,鸡粪全施到园中,土壤比较肥沃。并受核桃树不用修剪、不用打药、不用管说法的影响,导致现在树高已超过 10 米,树冠中下部的结果枝已大面积死亡,结果全集于顶端,产量低下,5 亩 10 年生核桃园,年收入有时不超过千元,属于典型的密植放任不管低产园。下一步如何改造？

答：行株距 4 米 × 3 米属密植园，一定要把握树冠的大小，尤其是控制树高。现在过高的树必须逐年落头，促使中下部多发枝，树冠横向生长必须略大于纵向生长，树形要紧凑，内膛要充实，产量便会逐年提高。再有，鸡粪是个好东西，肥效足、营养全，但使用前必须充分腐熟，用生物菌剂搅拌均匀发酵一个月后再施。

第二部分 整形修剪

102. 中农乐核桃高产修剪口诀是啥？

【案例】中农乐微信公众平台读者问：我是一名核桃管理初学者，且年龄较大，对核桃树冬季修剪口诀的含意不太清楚，能做个详细介绍吗？

答：核桃树冬季修剪口诀有四句话，共40个字，内容是"控制强势头，回缩长母枝；剪前去秋枝，剪后花带头；枝组宜更新，去弱留壮枝；冬剪不留头，来年不缺头。"这是中农乐核桃技术攻关小组依据核桃树的生理特点，观察多年修剪反应总结出的理论之一。

"控制强势头，回缩长母枝"的意思是削弱树冠的顶端优势及各骨干枝前梢部的优势，这是栽核桃树成功的关键所在，是培养丰产树形的主要技术手段。核桃树生长习性较独特，树冠顶端的直立枝条当年能长到3米以上，如不及时控制，就会变成杨树形，下部小枝枯死，该培养的骨干枝长不起来，结果母枝后部光秃，结果部位迅速外移。因此，树冠顶端的强势头必须控制，过长的结果母枝前端必须回缩。

"剪前去秋枝，剪后花带头"是说核桃树的花芽要结果，必须在春季先萌发出4~6片叶的一个结果枝，然后利用新生结果枝的顶芽开花结果，如果不"剪前去秋枝"，枝条上所形成的花芽是不会自动萌发并抽出结果枝的，修剪不到位，花芽白浪费。

"枝组宜更新，去弱留壮枝"是指核桃树的结果部位宜壮不宜弱，否则结果后最易衰弱枯死。要想保高产，年年宜更新，操作时去弱留壮枝。

"冬剪不留头，来年不缺头"意思是培养树形应从第一年定干开始，每年冬剪时都不能有意留个树头，如果留了头，下部及内膛的枝发不出来，总枝量就会大大减少,也就谈不上丰产。即使冬剪不留头,来年树还是要往高处长的,冬剪时莫要担心树长不高的问题。

103. 为什么核桃树越高反而产量越低?

【案例】襄汾县汾城镇荆××问:我栽植了 3 亩核桃树,至今树龄已十多年,品种为辽核系列,栽后第三年开始结果,产量一年比一年高,第七年达到最高产量,共产干果 450 千克,亩均 150 千克。而现在树高已超过 9 米,却只产了 150 千克干果,亩均仅有 50 千克。为什么?

答: 核桃树最忌高、大、空。内行人都知道,枝条横向生长是结果实,纵向生长是长树,这就是树越高产量反而越低的主要原因之一。要想多结果,先要控制枝条的纵向生长,让树冠中下部的枝条能横向生长,果实离根系越近,产量就越高,品质就越好。

104. 5 米×2.5 米株行距的核桃园如何改造?

【案例】山西省临猗县角杯乡尚××问:我栽植了 6 亩核桃树,当时栽的是实生苗,生长两年之后夏季用方块芽接法换头,品种有京 861 和特大丰,行株距为 5 米×2.5 米,黄绵土,高水地。由于株间距太小,加上多年管理技术不到位,现在已全园密蔽,如不尽快改造,挂果量将逐年减少,最终会因没有经济效益而废弃。下一步该咋办?

答: 2.5 米的株距是限制该园高产的最主要因素,必须隔一间伐。核桃树属于大冠乔木类,栽植时宜稀不宜密,一般行株距为 5 米×4 米,亩均 33 株。2.5 米的株距太近,培养树形发展空间太小,骨干枝横向生长展不开,只能往高处长,最终难以高产。间伐后马上落头,把营养往下压,促使下半部多发枝,引导枝条横向生长,只有这样做,才能培养成矮冠自然圆头丰产树形。

105. 什么树形的核桃园才能高产?

【案例】山西省运城市盐湖区王××问:我在承包的 100 亩沙石地里新建了 65 亩核桃园,品种有中核短枝、辽核等,各种条件都具备,就缺技术。咋办?

答: 幼树正处于培养树形阶段,尽量避免失误,矮冠自然圆头形是核桃树最佳树形之一,少疏枝,不分层,不人为培养三大主枝,顺其自然,不强求树形,怎么长就怎么管。要注意幼树多追肥、多浇水,迅速扩冠是栽树前3年的首要目标,追肥以冲施肥为主。提倡核桃园生草制,但不可以搞成荒草园,恶性草必须清除。

106. 芽接换头后新生枝条已达2米多,如何冬剪?

【案例】中农乐微信公众平台读者问:6月份芽接换头的树,成活后新生枝条已达2米多长,冬季该咋剪?

答:芽接换过头的树迅速扩冠是它来年的第一目标,不管你树上接了几个芽,长出几根条子,冬剪时每根条子都应在最饱满芽处下剪。饱满芽大多在枝条中下部,莫要留枝过长,否则,来年生长会变慢。

107. 核桃树冬剪时平剪好还是斜剪好?

【案例】中农乐千乡万村APP"在线问诊"用户问:核桃树冬剪操作时,剪口是平剪好还是斜剪好?

答:不管是什么树种,修剪时多粗的枝条造多大伤口,是最科学的。在枝条顶端有意加大伤口面积的手法万不可取。所以,剪口还是平剪好。

108. 核桃树骨干枝基角小咋调整?

【案例】山西省新绛县阳王镇张××问:我栽有8亩核桃树,树龄已3年,今年虽有少量挂果,但品种比较杂乱。又在核桃园中套种了玉米,高秆作物使树形走了样,多数延长枝从横向生长转为纵向生长,骨干枝基角变小,枝势直立,树一直往高处长,这样的园该如何管理?

答:(1)以后核桃园不要再种植高秆作物。

(2)对于角度过小的骨干枝必须开张角度,力争达到70°～75°,操作困难时可用连三锯手法。

(3)品种不对路,可在来年5月下旬至6月底前采用芽接方法更换良种,争取当年一次性成功。

109. 3年生核桃树枝干主从不分,咋修剪?

【案例】山西省侯马市凤城镇曾××问:我前年春栽了4亩核桃树,品种为香铃、钻石,成活率达95%。栽植至今已生长两年,未修剪过,树势较乱,主从不分。咋办？

答：先将全园幼树进行冬剪，将扩大树冠的生长枝、延长枝进行中短截，剪口下务必留饱满芽，以利于来年迅速扩大树冠。提醒你冬春先把缺失苗木的空缺位置找苗补齐，最好能与原栽品种相同。

110. 核桃树下部没枝不结果怎么办？

【案例】山西省新绛县万安镇王××问：栽有5亩核桃树，树龄已12年，行株距为4米×2.5米，亩栽66株，属密植园。多年来由于不懂核桃树管理技术，浇水非常方便，每年都要浇4~5次水，导致树高已达10米左右，下部没枝不结果，树梢上即使结几个果还够不着。下一步该咋办？

答：该园最有效的改进措施一是间伐，二是落头。今冬先着手将2.5米的株距隔一间伐使株距变成5米，再将剩余的高、大、空树落头改造，明年不要浇水，春季发芽时及时将落头锯口处的新生枝条全部抹掉，控制顶端生长。这样做，1~2年即可见效。

111. 纺锤形核桃树一年结不了几个果，怎么办？

【案例】山西省临猗县临晋镇荆××问：我共栽核桃树8亩，其中3亩树龄已达13年，剩余5亩为7年树龄，品种还可以，中林占80%左右，行株距为5米×3米，亩栽44株。为了增加收入，两行中间还加栽了1行桃树。8亩核桃园历年都是自己剪自己管，模式选择纺锤形，中间留强干，出枝就拉平，强调枝干比，甩放跑单条，完全套用苹果树的管理模式。这些年树上结不了几个果，并且每年都大水漫灌5~6次，黑斑病暴发，树上黑核桃现象严重。下一步该如何着手管理？

答：首先，将行距中间所套栽的桃树尽快刨掉，给核桃树生长留足空间。其次，既然栽的是核桃树，就绝不能套用苹果树的管理手法，应尽快将中农乐最新核桃高产综合管理模式学到手。最后，注意少浇水，更不宜大水漫灌。

112. 4年生核桃树冠径小、枝量少，怎么办？

【案例】山西省临猗县角杯乡闫××问：前几年在自家地里栽了2.5亩核桃树，栽树时未定干，主干大都在1米以上。栽后两年，总觉得树下过车难，在下部又疏了一些枝，现在主干显高，树一直往高处长，4年生的树高度大都在4米以上，冠径小，枝量少。现在又套种了玉米，下部发枝量更少，多数树下半部未发枝，生长势全集于顶端。有没有好办法解决这些问题？

答：这类园各地并不少见，幼树前几年没收益，都会在行间套种其他庄稼，种点薯类、豆类还可以，套种玉米等高秆作物，会对幼树整形带来很大影响，更不能为了机耕方便在树冠下部再疏一些枝，那样损失更大。

树龄已4年，行间再不要套种作物了。同时将过高的树适当落头，把营养往下压，尽量让下部多发枝。下面的枝越多，牵制能力就越强，树就不会往高处长，高产优质才能有保证。

113. 核桃树全园密蔽，咋整形？

【案例】山西省万荣县汉薛镇杨××问：我有5亩核桃树，品种不详，行株距为5米×2.5米，亩均53株，较密。因当初定干太高，现在多数主干在1米以上，全园密蔽，树高已达10米开外。多年来一直结果少，没收入。现在该咋管？

答：栽树10年了，应该对全园品种有所了解，是全园品种不好还是有部分品种不好。如果全园品种不好，就应下决心更换。如果是个别品种不对路，可单独对待，再莫要拖延下去。发芽前先将树上大枝去掉，促其从分枝基部萌发新枝。待到5月下旬至6月上旬用方块芽接法换头，后秋落叶时新条能长到2米多长，冬剪时留饱满芽带头，第二年再迅速生长一年，即可形成新的树冠，短时间内便可进入丰产期。你园行距还可以，株距太近，换头数年后能在株间隔一去一，间伐一半最好。要解决全园密蔽问题，彻底改变通风透光条件是前提。

114. 锯口处甩小辫是啥意思？

【案例】山西省襄汾县汾城镇高××问：十多年来，先后共栽核桃树10亩。行株距为4米×3米，亩栽55株，比较密植。品种较杂，有辽核、香玲，还有几个叫不上名字。栽植后一直套用苹果树的管理手法，培养三大主枝又分层，导致现在内膛空虚，树一直往高处长，结果部位外移，产量低，4亩地产量不到100千克干果，并且品质较差。下一步该咋办？

答： 发芽前先把过高的树头落下来，"控制强势头"，让下部发枝，将结果部位往下压。树冠基部原来所培养的三大主枝，后部光秃、前部过长，可将前部回缩，"回缩长母枝"，控前促后，促使后部发枝。或落头，或回缩，剪口、锯口必须甩小辫，小辫的粗度以原母枝的1/2为宜。树冠上部落头，周围回缩，内膛就会发出好多新生枝条，当长到4~6片叶时再打顶，一根新枝就会培养成一个结果枝组，只要在5月中旬打顶后所萌发出的二次枝，当年都能形成花芽，来年产量会大增。

115. 核桃单果比例较大，应该注意啥？

【案例】山西省夏县胡张乡冯××问：我有4.4亩核桃园，行株距为3米×2.5米，属高密植园。栽后4年不结果，然后换头改品种为辽核和香玲，虽然都结果，但单果比例较大，产量还是上不去。夏季不知咋管，冬季不知咋剪，现在树冠内膛已空虚，结果集于外围，该咋办？

答： 3米×2.5米行株距，亩均90株，太密，应先从株间隔一间伐，否则株间没有发展空间，基部骨干枝长不开，顶端优势无法控制，花芽难以形成，终究产量不会高。在间伐的同时加大地下投资，让所留的树先壮起来，着重控制顶端，促进树冠横向生长，扩大中下部结果有效容积。严格按照矮冠自然圆头形培养树形，不有意培养三大主枝、侧枝、副侧枝，不拉开层间距，不人为培养直立中干，须知"冬剪不留头，来年不缺头"。顺其自然，树怎么长，就顺势怎么管，不能强求。回缩长母枝，内膛就会充实。

116. 核桃树势不平衡，如何改善？

【案例】山西省河津市小梁乡王××问：我栽植了15亩核桃树，其中5年生的3.5亩，4年生的6.5亩，1年生的5亩，行株距为4米×4米，亩栽42株。原来栽的部分辽核品种已换头，现品种为豫丰，4~5年生的树已进入初挂果期，效益还不错。能否给个具体的管理意见？

答： 你核桃园的树长势不错，品种也可以，园貌整齐，树大小一致，没有缺苗现象。树形的培养与修剪的手法不到位，树势平衡度欠佳，上强下弱现象明显，内膛结果枝组太少，未分枝跑单条的当年生枝比例太大。现应从三方面着手。

(1)立即落头。将树冠最高处两三米长的直立枝从基部疏掉。

(2)秋季重施肥。

(3)熟练掌握核桃高产综合管理技术,坚持学习。

117. 寒露到立冬修剪核桃树好还是来年发芽修剪好?

【案例】中农乐千乡万村 APP"在线问诊"用户问:寒露到立冬修剪核桃树好还是来年发芽前修剪好?

答:寒露到立冬修剪好。把该剪掉的枝在核桃树冬剪黄金时期及时去掉,可减少废枝在冬季的无谓消耗,能促进树体健壮,提高花芽饱满度。

118. 疏散分层形核桃树枝量少、结果少,该怎么办?

【案例】中农乐微信公众平台读者问:原来在培养树形上走了弯路,是按疏散分层形来整形的,枝量少、结果少,现在该怎样改形?

答:疏散分层形在苹果园使用是成功的,但却与核桃树的生长习性背道而驰,树体高大、内膛空虚,结果少、品质差,需要改形。改形的主要方法是控制顶端优势,先落头,把营养往下压,促使内膛发枝。树冠下半部发枝越多,对顶端牵制就越大,内膛培养的结果枝越多,树势就越稳,就越好管。但落头不要过急,所谓"三二一一"已 4 层的,可以先落一层,暂时留 3 层;"三二一"已 3 层的,可以先落一层,暂留 2 层,最终向无层形发展。

119. 核桃大树改形后是否影响当年产量?

【案例】中农乐微信公众平台读者问:大树改形后是否影响当年产量?

答:不会,只会增产,不会减产。改形手法有两种。一是将过高的头往下落,二是将过长的结果枝往回缩。如果不落不缩,放任不管,会出现两种现象:一是当年坐果率低。由于营养往前抽、往高处抽,后部花芽开花结果所需营养得不到满足,便会出现自然落果或花芽死亡现象。二是树冠下半部小枝会因营养缺乏,卸果后出现大量死亡,严重的枯死一片,内膛小枝死光。改形落头回缩后树势得到了平衡,便不会出现上述情况。因此,改形落头后的产量只会增,不会减。

120. 2 月份剪核桃树会流水,敢剪吗?

【案例】中农乐千乡万村 APP"在线问诊"用户问:2 月份修剪核桃树,还有流水现象,敢不敢继续剪?

答:敢剪。2 月份正处于核桃树伤流低峰期,未冬剪的核桃园可继续修剪,流点水不碍事,还可剪一个月。进入 3 月份会出现第二次伤流高峰期,尽量避免此时修剪。

121. 落头、开角、回缩等手法初见成效后怎么做更好?

【案例】山西省万荣县南张乡张××问:我共栽了 13 亩核桃树,品种为钻石、清香等。行株距为 4 米×3.5 米,亩均 48 株,较为密植。栽后几年不知咋管理,模仿苹果管理模式,树只是往高长,树冠中下部发枝少,结几个核桃全在外围。后来在实践中及时运用了落头、开角、长枝组回缩等手法后,这两年已初见成效。现在园貌整齐、树冠紧凑、内膛充实、果实累累。下一步我该做什么?

答:尽管全园过高的树已经控顶,但大多数植株手法还不到位,冬季还得继续落头,何况还是密植园,把树冠往扁圆形或圆形培养。如果冬剪不到位,开春发枝量就达不到以后的丰产要求。

122. 全园亩栽核桃 63 株可以吗?

【案例】山西省永济市栲栳镇张××问:我对自家 12 年生核桃树逐个进行了落头,现在表现还可以,内膛新生枝条多,叶片肥大,早春虽遭轻微霜冻,但是坐果不错。我的核桃园,品种有特大丰、鲁光、中林 5 号、香铃等,行株距为 3.5 米×3 米,亩均 63 株,属于高密植,树龄 12 年,全园已密闭。连年黑核桃现象严重,也不知其原因,我该怎么办?

答:你园土质不错,典型的黄绵土,抗旱、防涝、保肥力均强,浇水也方便,环境条件好。我现在担心的是园中密闭问题,尽管去冬已落了头,但亩株数平均 63 株,比亩合理株数 33 株几乎高出一倍,能隔行间伐最好。造成黑核桃多的原因大致有两种。一是举翅蛾为害果实,二是高温高湿天暴发性黑斑病侵染所致。园主一定得有病虫害防治意识。

123. 核桃树剪锯口处长条如何处理?

【案例】山西省襄汾县吴××问:核桃树剪锯口处长条如何处理?

答:核桃树顶端向上直立生长优势强,冬剪后剪锯口处会不同程度地萌发出一部分新枝条,而大多是向上直立生长。如果对这些枝条处理得当,便会事倍功半,如果处理不得当,便达不到预期的效果。一是对没有生长空间的枝条及时疏除, 以减少无谓的营养消耗。二是对有生长空间的枝条一定要合理利用,可采取拿枝或扭枝的办法,抑制其向上直立生长,早积累营养促其花芽分化,这样做可使一根直立枝条转变成一个结果枝组,来年便是一串果,此招对大龄树增产效果非常明显。具体操作办法是:当枝条半木质化时,一手抓住枝条基部,另一手抓住枝条中部,根据其所需的空间和方向,往下轻轻压几下,压枝角度为70°～90°为好。

124. 二年生核桃树上三四个长枝应如何短截?

【案例】山西省芮城县南卫乡原××问:我百亩核桃园在公路边,交通方便,黄绵土、水浇地、土壤肥沃,地势平坦,环境条件不错。树龄3年,行株距为4米×3米,亩均55株,较为密植。品种是辽核2号、4号,中核短枝,授粉树配有少量清香。栽后第2年才在1～1.2米处定的干,今冬树上已有三四个主枝,距离主干0.8～1米处短截。冬剪该注意什么?

答:你这核桃园密度偏大,在培养树形时要低干矮冠,以后要注意控制树的高度及各骨干枝的长度,树形一定要紧凑,不然便会全园密闭。骨干枝的延长头不能留过长,剪口下40厘米是发枝带,剪留过长时会使后部人为造成光秃,以后再想让基部发枝很难。核桃树需肥量大而需水量小,要想丰产,必须让树先吃饱,应将全年施肥量的70%放在秋季施入,效果更好。

125. 二年生幼树如何整形?

【案例】山西省稷山县清河镇李××问:我栽有核桃树45亩,共1600株,行株距为4米×4米,2年生树龄,品种为辽核1号,土质一半为沙土地、一半为黏土地,有浇水条件。栽后4年,不会管,也从来没管过,全是由树自然生长,现在幼树无形、无骨架,有的还得另行定干。每年浇几次水,施一次肥。我还应该干些啥?

答：沙壤土每年可多浇几次水，除封冻水可用大水浇外，其余补水时只浇行距 1/2 就行。黏土地保水性好，但地下空气稀薄，全年尽量少浇水，多施菌肥。幼树每年应多追施几次肥，生长前期以速效氮肥为主，结合浇水，用冲施肥最好，肥劲足、肥效快、催苗效果好。对于 2 年从未整形修剪的幼树，今冬明春可要好好管管了，幼树正处于培养树形、构建骨架期，耽搁不得。稍大点的树先选永久性的骨干枝，然后在春季最饱满芽处下剪，尽量留外芽，其次留侧芽，以利于来年能迅速扩大树冠。偏小点的树或基部未发枝幼树，可以先考虑另行定干，最终达到低干矮冠、株形紧凑、骨架牢固、内膛充实之目的。

126. 核桃树冠纵向生长强，如何调整？

【案例】山西省稷山县太阳乡杨××问：我栽植了 10 亩核桃树，品种不详，行株距为 4 米×4 米，亩均 41 株，较为密植。由于不懂核桃管理技术，多年全凭自己摸索修剪，现在树冠纵向生长严重，顶端优势明显，树一直往高处长，内膛光秃，结果部位外移，树冠中下部的小枝死亡严重。请问造成低产的主因是什么？

答：核桃树冠越高产量反而越低，这是多年来的实践经验。低干矮冠、内膛充实，结果有效容积能充分得到利用才能丰产。因此，高树必须落头，促使树冠中下部多发枝，核桃果实不要求着色，尽量在树冠内膛多培养结果枝组。现在还没有落头的大树应立即动手，过高的树莫要一次到位，分两年落头，树势相对稳定。落头后锯口应涂愈合剂，利于保护伤口。行距 4 米有点显窄，株高应控制在 3.5 米以内，以行间互不遮光为妥。

127. 为保证核桃树光照，培养开心形树形可以吗？

【案例】陕西省大荔县段家乡董××问：我栽了 8 亩核桃树，4 年树龄，品种有新疆大个、香玲、清香、辽核等。栽后不懂技术、不会管理。树形搞成开心形，为了追求光照，将骨干枝上朝上生长的枝、朝下生长的枝统统疏光，只留两侧，并且将间隔 1 米的重叠枝全部锯掉，将树搞得就剩几个枝，产量上不去，该怎么办？

答：为了通风透光，从内膛疏几个枝的做法可以有，但将骨干枝上朝上生长的、朝下生长的枝全部去光，这种做法是搬起石头砸自己的脚。核桃树骨干枝上朝上生长的枝长得慢,而朝下的枝长得快,这是与其他树种的不同之处。朝上的枝冬剪时 30 厘米以内的不要管,超过 30 厘米的破头剪,下年就会形成一个充实的小型结果枝组。朝下的枝中短截,来年便可形成一个大、中型结果枝组。

128. 幼树如何定干?

【案例】中农乐微信公众平台读者问:我栽有 14 亩核桃,2 年生树龄,行株距为 6 米 × 5 米,亩栽 22 株,较稀植,品种为清香,部分定干 1.2 米,但大多数幼树还未定干,属放任不管型。我对核桃树管理技术了解甚少,后秋未施底肥,不懂树形,不会修剪。我该如何管理?

答:亩栽 22 株也行,七八年后亩产量也能达到 500 千克坚果,但树形要稍有变动。在矮冠自然圆头形的基础上,将冠径向外适当扩一点,将高度向上适当提一点即可,操作上并不复杂。在幼龄树从小到大扩冠的过程中,必须注意树势平衡,尽量别出现偏冠现象。对还没有定干的树,应在 1 米高处赶快定干,即使高处有分枝的植株也要重新定干。主干不能高,主干越高,以后产量就会越低。

129. 核桃树新生枝条打顶好不好?

【案例】中农乐千乡万村 APP"在线问诊"用户问:核桃树新生枝条是打顶好还是不打顶好?

答:打顶是增加分枝最有效的措施,可在短期内数倍增加总枝量,占领树冠内膛空隙,增加结果有效容积。核桃树是一种高大的落叶乔木,根系深广,干性较强,枝条顶端优势现象特别明显,中下部侧芽多呈休眠状态或萌发后自行干枯脱落,故树冠中下部枝条较稀疏。尤其是幼树阶段,成枝力强而分枝力弱,每个生长周期内只长几根强旺长枝,即使这几根枝条都能形成花芽,来年也结不了几个果。要想丰产,中、短枝数量必须多,因此,对幼龄树春季所萌发的新生枝条适时打顶是正确的。但万事无绝对,一年生新栽的幼树,春季长出来的新枝可以不打顶,任其自由生长。多年生结果大树春季所萌发的新枝可以不打顶,因其树势稳定、树龄老化,打顶起不到分枝的效果。

130. 核桃树打顶最佳时期是什么时候?

【案例】中农乐千乡万村 APP"在线问诊"用户问:打顶工作能持续到什么时间? 因未及时打顶,现在新枝已长到 10 片叶左右,怎么办?

答:核桃树新生枝条打顶的时间可从 4 月下旬开始至 5 月中旬末结束。进入 5 月下旬停止打顶,因其打顶后再萌发出来的分枝生长时间短,花芽分化不彻底。打顶的长短,根据多年试验对比,留 4～6 片叶最合适。过短,减少生长量;过长,后部易光秃。如果因耽搁现在新枝已长到 10 片叶左右长,还得将长度缩回去,半木质化时可用剪刀。

131. 4 年生核桃树树形紊乱,该咋办?

【案例】山西省临猗县北辛乡姚××问:我栽有 9 亩核桃树,4 年生树龄,行株距为 5×4 米,亩栽 33 株,品种有中林、薄壳香、元丰、代香等。由于不懂树形,不会修剪,几年来完全是套用苹果树的管理模式来管理核桃园,导致树不成形,长势紊乱,树龄已 4 年,今年才有部分挂果。接下来咋办?

答:你园中品种较杂,但从你提供的品种名称来看,大都是丰产品种,因此, 管理及投资必须要跟上。现在着手先将过高的中间领导干落到下部分枝处,把高度先降下来,促使树冠下部多发枝。多施肥少浇水,让树吃饱但不让它喝饱,七八月能旱两个月最好,这样更有利于花芽分化。当年新生枝条多,花芽分化多,下年就能够丰产。

132. 树高 7 米能否落头?

【案例】山西省万荣县光华乡王××问:我栽植了 4 亩核桃树,行株距为 3.3 米×2.5 米,属高密植园,栽树 10 年了,树一直往高处长,多数树已达到 7 米开外,树冠内膛空虚,中、小型结果枝组几乎没有,即使结几个果也都集中在顶端。下一步该如何管理?

答:对于过高的树,落头是头等大事。顶端有果实的待卸果后立即落头,顶端没果实的现在即可落头,把营养往下压,促使树冠下半部及内膛多发枝。新栽的幼树管理上可不能有失误,树形的培养及修剪的手法都要做到位。香玲是个好品种,8518 要细心观察,如果不适合你的区域栽植,应尽快着手改接换头。

133. 核桃树结果部位外移，怎么办？

【案例】山西省垣曲县华峰乡周×问：我前些年在村边建了 2 亩核桃园，品种为辽核及中林，行株距为 3.3 米×3.3 米。从未疏过枝，从未分过层，树冠基部枝量充足，内膛小枝多，因此前期结果也多。但这几年开始，树冠内膛空虚，结果部位明显外移，产量有所下降。该咋办？

答：亩栽 60 余株实属密植园。核桃树宜稀不宜密，前期树冠一定要控制到位，尤其是纵向生长，冬剪及夏管都要控制顶端优势。幼树不疏枝不分层是正确的，但过长的骨干枝要及时回缩，否则后部必定会光秃，结果部位外移。因此，今秋果实收获后先落头，解决好内膛光照，促使内部多发枝。尤其要重视秋施基肥。

134. 修剪时核桃树内膛被掏空，怎么办？

【案例】山西省新绛县阳王镇宁××问：我栽植了 8 亩核桃树，行株距为 4 米×3 米，亩均 55 株，属密植园。栽树 12 年来，从未控制过顶端优势，全园树高已达六米开外，让修剪苹果树的把式剪自家核桃树，又疏枝又分层，将树冠内膛都掏空了，结果部位都集于外围。栽树多年，没有挣啥钱。不知下一步该怎么办？

答：一棵树从基部疏枝，会促使顶部发枝，下部疏枝越多，树向上长的速度越快，结果部位越容易外移。你园中的树前多年从基部疏枝太多，以后不敢再疏了。现在的首要任务是落头，等核桃摘收后立即动手，先落 1~1.5 米，切勿操之过急，分 2~3 年到位即可。落头的同时加大秋季施肥量，让树冠中下部多发结果枝。

135. 13 年生核桃树形改造应注意啥？

【案例】山西省新绛县阳王镇王××问：我有 7 亩 13 年生核桃树，行株距为 4 米×3 米，品种不详。由于对核桃树生长习性不了解，夏不会管，冬不会剪，只是模仿苹果树的管理手法，结果是大多手法都是反其道而行之，违背了核桃树的生长习性，弄巧成拙。这两年开始逐步落头，但心中总是没底。该怎么办？

答:对于 7 亩老园来说,树形改造是首要任务。虽然这两年落了头,但大多数树还未到位,过长的骨干枝延长头也应回缩,老枝组宜更新。不落头、不回缩,内膛就不会发枝,结果部位新陈代谢就无法完成。地下多施肥、少灌水,让树吃饱但不能让它喝饱,年年会丰产。这对密植园尤为重要。

136. 4 年生核桃树为啥内膛不发枝?

【案例】山西省平陆县曹川镇关××问:我栽植了 25 亩核桃树,行株距为 4 米×3 米,亩栽 55 株,有点密。现在树龄已 4 年,植株只有几根长枝,树冠上部大、下部小,内膛不发枝,不知啥原因,也不知从何下手。每年春季施肥 1 次、秋季施肥 2 次,几年来都单一施用尿素,去年和今年每次施入七八袋,导致枝条嫩、节间长、停长晚,落叶也晚,木质不充实,年年春季都出现抽条现象,这是咋回事?

答:核桃园要丰产,选择品种最关键。建议下一年先将 25 亩园中不挂果的树用方块芽接法高接换头,如果在 5 月下旬嫁接,当年即能长到 2 米以上,第 3 年就能挂果。另外,不能单一施用尿素,核桃园更是如此。多施农家肥,多施生物菌肥,将全年 70% 的肥料在秋季施。内膛不发枝与修剪有关,必须先学技术,学会核桃树冬季修剪的主要手法,在实地操作中灵活掌握,这样才能少走弯路。

137. 400 亩核桃园树不成形,该咋办?

【案例】河南省灵宝市朱阳镇杨××问:我依据本地坡多地广之优势,栽植了 400 亩核桃树,品种有香玲、清香、8518 等,行株距为 6 米×5 米,亩均 22 株,较为稀植。多年来管理粗放,树不成形,也不知咋剪,基本属于放任不管,经济效益低微。我该怎么办?

答:香玲是个好品种,品质不错且易丰产;清香虽是晚实,但品质优良,有发展前途。对于栽植多年表现不佳的品种,建议详细记录,不结果的树可在 6 月份用方块芽接法高接换头。对过高的树要落头,把株高控制在 3 米左右。同时要加大地下投资,让树先壮起来。

138. 打顶后的二次枝 7 月还能打顶吗?

【案例】中农乐千乡万村 APP"在线问诊"用户问:5 月下旬以前打的顶,现在二次枝已达 70 厘米长,还能不能再打顶?

答:最好不再打顶。进入 7 月份,不论大、小核桃树都不宜再打顶,包括春栽未定干的树,否则会秋梢满树,导致幼龄树来年难快长,造成来年没产量。

139. 核桃树长条多短枝少,怎么办?

【案例】山西省芮城县风陵渡镇张××问:我栽了 4 亩核桃树,品种以清香为主,有少量香玲、鲁光,行株距为 4 米×3.8 米,亩均 44 株,较为密植。全园树形分散,内膛空虚,长枝多,短枝少,挂果都集中于外围,产量低、无效益。优质丰产的目标何时才能实现?

答:你园品种不错,清香核桃品质好,产量也高,在管理上应注意中短枝少打头,幼树发挥顶芽易成花的优势,提高前期产量。旱地栽核桃也行,树势稳健不狂长,自然年降雨量就基本够核桃树年周期需水量;天旱时灭草,雨涝时生草,根据气候变化,要灵活掌握。对过高的树要落头,过长的骨干枝要回缩,培养树形宜紧凑,让内膛结果。要加大地下投资,先要让树吃饱,施肥时避免大量施用化肥,更不宜单一施用尿素,旱地宜多喷叶面肥。

140. 栽后从未疏枝的核桃树如何整形?

【案例】山西省芮城县风陵渡镇张××问:我两次栽核桃树 7 亩,品种为清香与中核短枝,行株距为 4 米×3.3 米,亩均 50 株,栽后走了些弯路,夏季不知咋管,冬季不知咋剪,树形放任不整。但好处是从栽植至今从未疏过枝,这给以后树形改造提供了条件,有利于树冠内膛充实。下一步怎么动手?

答:品种不错。清香品质好,中核短枝产量高。但要注意施肥量一定要足,清香施肥不足难成花,中核短枝施肥不足果个小;施肥时配上松土剂,可疏松土壤,解除板结,增强土壤蓄水能力,提高降雨利用率,这对没有灌溉条件的垆土地非常重要,还能有效防止根腐病发生。四五年幼树,先从树形抓起,矮冠自然圆头形适于核桃大田生产,不分层,不强求,不有意培养三大主枝,尽量莫要疏大枝,咋长咋管,随树造形。另外,旱地应注意多喷叶面肥,机动灵活,缺啥补啥,投资小,见效快。

141. 轻剪长放跑单条的树结果不多是啥原因？

【案例】山西省襄汾县南辛店乡谷××问：我现在管理6亩核桃树，树龄大小不一，行株距为4米×3米，亩均55株。7年生树，今年结果不多，并且全集于外围。多年管理全模仿苹果树管理手法，培养三大主枝又分层，轻剪长放跑单条，多年来把核桃树当宝贝，可就是结果不多，产量总是上不去。啥原因呢？

答：每个树种都有自身的生长特点，模仿苹果树的管理手法来管理核桃树，大多会以失败而告终。7年树龄不结果或结果少，要分析看是不是品种问题，如果品种不对路，建议立即高接换头，更换成高产优质品种。没有浇水条件不怕，旱地核桃照样能够丰产，但地下投资不能少，要先让树吃饱。旱地雨后施肥利用率高，红垆土黏性大，保墒能力强但透气性较差，要注意地下多施生物菌肥。

142. 每棵树长有数十根2米直立长条，咋处理？

【案例】山西省稷山县清河镇冯××问：我栽植了5亩核桃树，行株距为4米×3米，亩均55株，全园高接换头。现在树冠已逐渐长大结果，今年挂果量还可以，已初见成效。不足之处是树冠顶端优势过强，每棵树头上都有几十根2米多长朝天生长的直立枝条，导致全园密闭。怎么办？

答：栽植密度较大，整形时一定要控制冠径无休止扩大。注意控制顶端优势，核桃采摘后先将头上朝天生长的直立枝条从基部疏除。注意加强病虫害防治，园中黑核桃多，其主要原因是喷药不及时所造成，切记：高温高湿天勤喷，雨后必喷。

143. 中干强侧枝弱如何冬剪？

【案例】山西省临猗县北辛乡张××问：我栽植了10亩核桃树，品种有元丰、岱香、薄壳香等，行株距为6米×4米及6米×5米。今年建园已3年，树不成形，中干一直往高处长，侧枝弱，长不起来，现在又面临冬剪，感到束手无策，该从何下手？

答：树冠向上延伸为纵向生长，向侧方延伸为横向生长，中农乐核桃研究所推广的矮冠自然圆头形，要求树冠横向生长要略大于纵向生长。你园树龄已3年，到控制顶端优势的时候了，让骨干枝尽量向行间延伸，树冠中间的向上延长枝应及时去掉或控制,"冬剪不留头,来年不缺头。"你园中品种不错,只要加大地下投资,多施肥,少浇水,巧修剪,树有形,很快便会进入盛果期。

144. 结果枝组培养不起来,怎么办?

【案例】山西省稷山县翟店镇宋××问:我栽有 10 亩核桃树,清香品种,行株距为 4 米×3 米,亩均 55 株,今年建园超 6 个,现在高树已超 6 米,结果部位已逐年外移,骨干枝角度直立,有效结果容积减少,结果枝组培养不起来,要想丰产该怎么办?

答:树龄已 6 年,应该已进入盛果期。但园中栽植密度过大,控制树冠是关键。今年冬季修剪的主要任务是落头,超过 6 米高的树头应分两年往下落,不宜一次到位。操作时锯口处必须甩小辫,小辫粗度是原母枝 1/2 最好。将全园逐株落头后,修剪时要以培养结果枝组为主要目的。"剪前去秋枝,剪后花带头",使树上形成的花芽翌春尽可能都能萌发,培养成短中形结果枝组。

145. 树冠下部不发枝,怎么回事?

【案例】山西省芮城县古魏镇朱××问:我先后栽了 10 亩核桃树,品种为8518,行株距为 4 米×3 米,亩均 55 株,较密植。栽后由于不会管理,再加上地下连年大量使用化肥,全年浇水 4 次,导致顶端优势旺盛,树顶上多根直立枝得不到控制,一直往天上长,树冠下部不发枝,树龄不大,内膛空虚,没有构建出一个合理的骨架,请问该咋管?

答:管理必须跟上,否则容易形成高、大、空,尤其是密植园。树冠建议采用矮冠自然圆头形,骨干枝尽量让其横向生长,抑制其纵向生长。培养幼树树形多用背后枝换头法开张角度,既省工又易达到角度要求。水、肥条件好,幼苗会迅速生长,但必须及时控制顶端优势,不论冬剪还是夏管,都得把植株头上最顶端的强旺直立枝去掉,将营养向下压,促使其下部发枝,这是丰产的前提。核桃树需肥量大而需水量小,因此要适时控制浇水次数及浇水量。幼树可多浇几次水以促其能快速扩冠,进入结果期大树不旱尽量不要多浇水。

146. 长到 4~6 片叶的新生枝条如何打顶?

【案例】中农乐千乡万村 APP"在线问诊"用户问:技术上要求核桃树新生枝条

长到4~6片叶时打顶,现在上面有小核桃,怎么打顶?

答:新生枝条指的是春季所萌发的生长枝,并非结果枝,两个区别明显。生长枝顶端只有生长点,而结果枝顶端除生长点外还有小幼果,操作时要分辨清楚。记住打顶时只打生长枝,不打结果枝。

147. 准备高接换头的核桃树冬前如何处理?

【案例】中农乐千乡万村 APP"在线问诊"用户问:下年计划高接换头的核桃大树冬前该如何处理?

答:最好分两步处理:今冬先把树冠上半部锯掉,以减少冬季不必要的消耗,翌春发芽前再锯到位。劈接、皮下插接或等到发枝后五月下旬方块芽接都可以。杜绝初冬一次性锯到位,这样易打破核桃树地下与地上长达几个月的平衡关系,致使土壤中毛细根大面积死亡,造成母树精力枯竭,来年生长势弱。

148. 2年生核桃树咋整形修剪?

【案例】山西省稷山县清河镇李××问:我有45亩核桃园,1600株,树龄2年,品种辽核1号,行株距4米×4米。栽后2年也没整形,也没修剪,基本属于放任不管,只是每年浇几次水,追一次普通的复合肥。下一步怎么办?

答:辽核1号品种容易丰产,大量挂果后也容易衰弱。因此,施肥量要足,要让树先吃饱,整形期的幼树也理应如此。另外你园中的土质属半黏土地,土壤通气性较差,应多施生物有机肥及农家肥。你浇水条件方便,幼树可以多浇水,每年四五次都行。进入结果期要控制年周期浇水量,水多无益。最后注意,冬剪时不要疏枝,将各骨干枝延长头都选在春梢部位,让最饱满叶芽带头,以利于下年迅速扩冠。

149. 连年轻剪长放导致枝条后部光秃,怎么办?

【案例】山西省芮城县风陵渡镇张××问:我栽植了几亩核桃园,行株距为5米×4米,亩均33株,今年树龄4年,按说将进入初果期,但因连年轻剪长放,树上只有几根2米多长的长条,并且后部光秃,内膛缺乏枝组,结果不多还全在梢部。现在一心想把园搞好,该从什么地方着手?

答:建议你冬季修剪时将过长的枝条重回缩,促使后部多发枝,将结果部位往内膛压。骨干枝后部的分枝虽不多,但最好能将小枝中短截,促其明春发枝,增加枝量,扩大有效结果容积;注意要浇足封冻水,避免来春抽条。加大地下投资力度,必须让树吃饱后方能丰产。

150. 7 年生核桃树如何修剪整形?

【案例】山西省运城市盐湖区上郭乡马××问:我家中有 8.5 亩核桃园,已经 7 年树龄,行株距为 5 米×4 米,亩均 33 株。栽树至今,不会修剪也从未剪过,落叶后只知剪死枝,活枝不敢动。每年每亩地只施半袋化肥,病虫害防治更谈不上。愁死人了,咋办?

答:对于多年不结果或结果少的树,建议及时高接换头,实施方块芽接法最好。整理树形杜绝高、大、空,将过高的树顶端逐年往下落,促使内膛及基部多发枝,通过夏季摘心,培养成结果枝组。另外要加大地下投资,每亩地每年只施半袋化肥是杯水车薪,想丰产,必须让树先吃饱。

151. 如何培养核桃结果枝?

【案例】山西省运城市盐湖区席张乡王××问:我有 20 亩核桃园,品种不详,5 年树龄,行株距为 4 米×3 米,亩均 55 株,现在园貌不整,树不成形,没有培养出结果枝,树还一直往高处长。求救于专家,咋办?

答:不懂修剪技术,还舍不得控顶,势必会造成高、大、空。亩均 55 株,属密植园,树冠建议采用矮冠自然圆头形,低干矮冠,靠内膛结果。现在高树已达 3 米开外,操作时第一手法是控制强势头。另外要控制每年浇水次数和浇水量,即使浇水也不能大水漫灌,冬季封冻水浇足,来年全年不浇水。多施肥,少浇水,可使幼树生长紧凑,可促进初挂果园花芽分化,产量倍增。

152. 核桃树下部小枝大面积枯死是咋回事?

【案例】山西省稷山县太阳乡杨××问:我栽了 6 亩核桃树,行株距为 4 米×3 米,亩均 55 株,属于密植园。由于栽后不懂管理技术,树形任其自由生长,现在高树已达 6 米开外,下部小枝开始大面积枯死,6 年内只冬剪过一次,也不知剪法对不对。现在是树形不咋样,但树势较健壮,接下来我该怎么管理?

答:从园中实地看,你还是模仿苹果树的管理手法在管理核桃园。你园中的树比较密植,树形直立,纵向生长旺盛,下部的枝组结果后已大面积枯死,现在必须落头,争取在春季发芽前将全园落头工作完成。夏季树冠下半部萌发的枝条长到 4~6 片叶时打顶,促其分枝,培养成结果枝组。密植园控顶是关键,不要让树无休止地往高处长,横向生长要略大于纵向生长,低干矮冠才能优质高产。

153. 多年修剪内膛疏空了,咋办?

【案例】山西省万荣县荣河镇竹××问:前几年栽了 3 亩核桃树,已 7 个年头,栽后第三年全园进行了嫁接换头,多年来不会整形修剪,只知道将内膛往空里疏,导致现在树高 6 米开外。哪里出了问题?

答:原来品种不好,换头后挂果还可以,就不要再折腾了,只要管好,便能丰产。亩均 50 株属密植园,控冠是关键,将过高的树先落头,高温高湿天还要注意预防暴发性炭疽病。全年不宜浇水过量,否则细长枝多,粗短枝少,还会影响花芽分化。加大地下投资量,让树吃饱才能高产。

154. 核桃树的果台副梢咋处理?

【案例】中农乐微信公众平台读者问:核桃树的果台副梢咋处理? 5 月份敢疏吗?

答:5 月份可放任不管,让其自由生长,不疏、不控、不打顶。到 6 月底 7 月初,可将多余的果台副梢疏除。1 个结果枝上只留 1 个副梢即可,有 2 个去掉 1 个,有 3 个去掉 2 个,不可全去,也不可全留。

155. 摘心后侧芽不萌发是咋回事?

【案例】山西省永济市蒲州镇樊××问:前几年我栽了 5 亩核桃树,亩均 42 株,行株距为 5 米×3 米,树冠下半部没有小枝,为促发枝,每年都及时摘心,但摘心后侧芽不萌发,顶芽还是一直往上长。冬剪时剪口下留枝过长,每根枝条后半部已经光秃。怎么办?

答:首先要从品种抓起。树龄已经 6 年,你可以从园中选择早熟丰产的植株作为接穗采集母树,进行嫁接。密植园株形一定要紧凑,直立永久性枝要开张角度,削弱顶端优势,促使基部多发枝。让地面生草,杜绝搞清耕,草高后用割草机割倒即可。摘心后不发枝,是摘心过急,等多长几片叶后再重新摘回到4~6片叶处,就会出现数根分枝。另外,从树势来分析,以前地下施氮肥太多,不利于壮树及花芽分化。以后建议多施复合肥、生物有机肥。

156. 只留三大主枝的修剪方法科学吗?

【案例】湖北宜昌五峰县杨××问:前几年承包丘陵地100亩,当年就开挖梯田,第二年春便栽上了核桃树。折腾了7年,已投入上百万元,仍没有效益,树还未成形。按照当地的管理办法,树上只留三个主枝,其余统统锯掉。请问老师有什么好的建议?

答:宜昌海拔1000米左右,年降雨量1000毫米以上,无霜期230天左右,石灰石土质。在管理中应注意几点。

(1)由于年降雨量大,植株易染黑斑病,主干应相对提高到0.8~1米。

(2)选择矮冠自然圆头树形,莫搞三大主枝开心形。

(3)地下多施生物菌肥,多施有机肥,逐步解决土质不佳等问题。

157. 核桃树结果集中在外围,怎样整形?

【案例】山西省永济市蒲州镇薛××问:我栽植了5亩核桃树,共193株,行株距为5米×3.5米,品种为辽核、中林系,属丰产品种。由于不了解核桃树生长习性,误将其当作苹果树来管理,导致树高6米开外,结果不多还都集于外围。5亩7年生树,收入颇微,除去投入,挣不到几个钱。怎么办?

答:辽核及中林系都属高产优质品种,5亩地栽193株较为密植。要控制树冠高度,严格按矮冠自然圆头形标准及要求培养树形。太高的树要逐年落头,促使树冠中下部多发枝,通过打顶,当年便可培养出结果枝组。

158. 核桃树采用主干分层形能丰产吗?

【案例】陕西省延安市延长县张家滩镇郝××来信:我前几年承包100亩土地,栽了核桃树,现在树龄3~7年不等。行株距为5米×4米,品种为鲁光和香铃。聘请知名师傅指导并整形修剪,树形采用主干分层形,干高1米,分3~4

层,现在树高 4~5 米;内膛中短枝量太少。年年冬季修剪重回缩,年年树冠外围满长条,产量一直上不去。请给以管理指导。

答:核桃树宜采用矮冠自然圆头形,挂果早、易丰产、内膛充实、便于管理。今年冬剪时,应将树冠最上一层往下落,促使中下部多分枝,结合明年夏季打顶,培养成结果枝组,当年可形成花芽。主干太高,结果有效容积得不到利用,可在最下层骨干枝上,多利用背下枝及裙枝占领空间。在改造树形的同时,加大地下肥料的投入,促使树势健壮,效果会更好。

159. 核桃树疏散分层形 4-3-3 横式可以吗?

【案例】陕西省延安市延长县张家滩镇呼××问:我栽核桃树约 100 亩,3~9 年树龄,行株距为 5 米×4 米,亩均 33 株。现在树高已达 5 米,并且严格按照疏散分层形操作,实行 4-3-3 模式。一棵树上下共 10 枝,下垂枝去掉,对称枝、重叠枝疏除,导致树体内总枝量大大减少,产量及质量下降,9 年生树龄今年亩产只有 50 千克。有好办法吗?

答:核桃树需水量少,旱地完全可以栽植。多施农家肥,增施生物菌肥,提倡园中生草制,提高雨水利用率,促进壮树丰产。香铃是个好品种,早实、丰产、品质优,但施肥量一定要足,要让树先吃饱,不然果个会变小,降低商品率。要想夺高产,大树改造是关键。过高树要落头,过长枝要回缩,促使内膛多发枝,将原来已形成高、大、空的树加以改造,建议按照矮冠自然圆头树形要求操作,低干矮冠,自然而然,内膛充实,树形紧凑,横向生长略大于纵向生长,这样易丰产。

160. 核桃树未定干长出了分枝,怎么办?

【案例】中农乐微信公众平台读者问:去年春季建了 35 亩核桃园,当时未定干,现在树上部长出了分枝,主干太高,现在定干行吗?

答:新栽植的幼树,水地 1 米定干,旱地 0.8 米定干,这是能否成功的关键一剪。低干矮冠、株形紧凑,是丰产的前提,树形忌高、大、空。你的核桃园,面积不小,栽后未定干,现在重新定干还来得及,损失也不大,定干工作要在发芽前完成。

161. 内膛结果枝死亡严重该咋办？

【案例】山西省万荣县荣河镇于××问：我栽了6亩核桃树，8年生树3亩，3年生树3亩，行株距为5米×4米，亩均33株。树一直往高处长，顶端优势强，内膛结果枝死亡严重。该怎么办？

答：不结果的树必须高接换头，从五拳头高处锯掉，5月下旬可在新枝上方块芽接。另外，你的8年生树过高，应逐年落头，促使下部发新枝，通过打顶培养结果枝组。

162. 核桃果台副梢有40厘米长，咋处理？

【案例】中农乐千乡万村APP"在线问诊"用户问：核桃果台副梢有40厘米长，咋处理？

答：从抽出果台副梢的那天起至6月下旬，这段时间内可让其自生自长，不疏、不控、不打顶，到6月底可将多余的果台副梢疏除。

163. 树冠内膛中短枝数量太少，如何改善？

【案例】山西省运城市盐湖区上郭乡李××问：我栽有10亩核桃树，位于大路边，地势平坦，配有浇水条件，园貌整齐，树势健壮，基部骨干枝已培养起来，树高已达到3米。品种为薄核，行株距为4米×3.5米，亩均47株，较为密植。每年施肥1次，喷药1次，浇水3次。这些操作正确吗？

答：品种可以，丰产性强，树势不错，但树冠内膛中、短枝数量太少，大枝多、小枝少。因此，夏管工作中要重视打顶，并且顶端优势太强，应该及时控制，不能让树一直往高长。在施足基肥的同时，春季还应该追肥，5月下旬及时补磷，促进花芽分化，对初挂果的幼树十分必要。还要根据农时及时打药，及时防治核桃黑斑病、炭疽病。

164. 超过1米的枝条能打顶吗？

【案例】河南省伊川县水寨镇韩××问：在承包地里栽植核桃150亩，树龄已7年，品种较杂，行株距为3.5米×3.5米，亩均55株，多年修剪手法一直采用1米以内的枝条不剪，超过1米的枝条打尖，导致树冠内膛中、短枝数量缺乏，产量低，果个小。该咋办？

答:栽树就是为了挣钱,要挣到钱选择品种是关键。你核桃园中的品种杂,应尽快将结果少或不结果的树高接换头。1米以内的枝条不剪,超过1米的枝条打尖,这种手法违背核桃树生长特性,如此剪法实属毁园。

165. 圆头分层形以轻打头为主的做法对吗?

【案例】河南省卢氏县李××问:栽植核桃树600亩,树形采用圆头分层形,修剪以轻打头为主。这样做对吗?

答:600亩核桃园投资大、用工多,日常管理工作需要一个技术团队来维持。如果粗放管理,最终将会赔得一塌糊涂。树形不宜太高,内膛要充实,修剪要以培养中、短枝为主。要重视秋施基肥,"三追不如一底"。

166. 核桃树长放修剪未老先衰该咋办?

【案例】山西省灵石县夏门镇温××问:我建了45亩核桃园,树龄17年,树形为疏散分层形,修剪以长放拉枝为主。建园至今,从未丰产过,好多树未老先衰,前景令人担忧。我该怎么办?

答:树太高,应落头;枝太长,应回缩。总之要让树冠内膛多发枝,避免结果部位外移。核桃树不能像苹果树那样轻剪长放,核桃树修剪口诀是:控制强势头,回缩长母枝;剪前去秋枝,剪后花带头;枝组宜更新,去弱留强枝;冬剪不留头,来年不缺头。

167. 核桃树高接换头后如何增加树冠总枝量?

【案例】山西省稷山县太阳乡刘××问:我栽了5亩核桃树,树龄8年。由于当年栽植品种不对路,不得不采用高接换头法更换品种,目前新换的品种已开始挂果,但收效甚微。我该怎么办?

答:换头的树首要问题是迅速扩冠,冬剪时每根当年生枝都选择在最饱满芽处下剪,剪口留外芽,促其多分枝。春季当新生枝条长到6个叶片时再及时打顶,能够数倍增加树冠总枝量,核桃树当年生枝便会形成花芽,来年产量会大增。同时要加大地下投资,增施生物菌肥。树上地下相结合,很快便会进入丰产期。

168. 7月份核桃树能打顶吗?

【案例】中农乐微信公众平台读者问:核桃树上的枝条乱窜,7月份还能打顶吗?

答:打顶是增加全树总枝量的最有效手法。2年龄、3年龄的幼树,通过打顶手法可数倍增加中、短枝量,矮化树冠,充实内膛,为以后高产稳产打好基础,这是幼树夏季管理中的重要环节。但打顶时间很关键,否则将会秋梢满树,来年生长势头大减。尤其是霜冻年份树上没果,进入7月份后就不应该再打顶。如果树势长势强,可将树头上的直立旺长枝条疏去50%,用弱枝压冠为妥。

169. 霜冻后的狂长树能疏除过强枝吗?

【案例】中农乐千乡万村APP"在线问诊"用户问:因春季霜冻未挂果,又逢今年夏季雨水多,引起树势狂长,现在能不能疏除部分过强枝?

答:对于长势过强的树现在可以疏枝,但疏枝的部位只宜在树冠顶端,中下部最好不要疏枝。操作时可将顶端徒长的狂旺枝疏除50%左右,一可稳定树势,增强内膛透光率;二可节省养分,提高花芽分化率。如果树势过狂,也可以将全树打顶后促发二次枝中的中心枝疏掉,又叫挖心。

170. 核桃树茎部枝条全部疏光了,咋办?

【案例】山西省古县岳阳镇延××问:我栽植了35亩核桃树,由于管理不当,树形已形成高、大、空,多数植株主干都在1.5~2米之间,属于典型的高干园,施肥再多,折腾再勤,也难以高产。怎么办?

答:主干太高,园中多数主干都在1.5~2米,将基部枝条全部疏光,这也是低产主要原因之一。另外,修剪方法不对,对多数枝条采用轻剪长放手法,这是苹果树管理手法。大肥、大水,将树催成高、大、空,植株旺而不壮,何以丰产!

171. 主干分层树形产量低咋办?

【案例】山西省晋城市李××问:我承包了400亩山坡地栽核桃树,品种为清香,树龄6~10年,行株距5米×4米,海拔高度约800米,各种优质丰产的自然条件都具备。但由于管理技术欠缺,采用主干分层树形,修剪时将骨干枝背上、背下枝统统疏光,使结果有效容积几乎减少一半,导致产量低,咋办?

答:好多人建起核桃园后都是在模仿其他果树的管理手法,但往往与期望背道而驰。你这 400 亩 6 ~ 10 年生清香核桃园,面积大、品种好,只要管理方法得当,会赚很多钱。建议园主系统学习掌握核桃管理技术,自己尽量成为专家,不能全指望别人。

172. 如何给高接换头后的树整形?

【案例】山西省襄汾县西贾乡宋××问:我栽有 20 亩 7 年生核桃树,品种为辽核、鲁光等,是经改接换头而成,行株距为 4 米×3 米,亩均 55 株。园中施鸡粪,地面实行生草,草高后用打草机刈割。请问换头后的树该如何管?

答:高接换头的树与栽植的幼树相比,生长有点不规律,枝条易弯曲。修剪时选中段最饱满芽处剪。枝势上翘留外芽,枝势合适留侧芽,枝势下垂留上芽。你亩均 55 株较为密植,一定要控制好树冠延伸度,杜绝形成高大空。鸡粪是农家肥,属优质有机肥类,各类元素含量较全,但使用时必须提前发酵,用生物菌剂搅拌均匀堆沤,待堆内发白时再施入土壤。

173. 核桃树夏季修剪的重点是啥?

【案例】湖北省兴山县黄粮镇刘××问:我有 50 亩核桃园,树龄已 9 年,行株距为 5 米×4 米,品种有清香、辽核、云新等,海拔 750~800 米。由于不懂核桃树管理技术,冬不会剪、夏不会管,由树任意生长,大多数树都形成了高、大、空。经去年冬剪时落头,今年生长期对新生枝条摘心,树形才有了好转,这样干行吗?

答:对去年冬落头不到位的大树今年冬继续落头,过长的骨干枝也要回缩,逐年完善树形过渡工作。夏季应着重培养建造树冠内腔结果枝组,增加叶幕厚度,扩大结果有效容积。加大地下投入力度。

174. 初挂果幼树应以什么枝结果为主?

【案例】山西省万荣县王显乡刘××问:家中栽有核桃树 25 亩,树龄 4~5 年,品种为清香,行株距为 5 米×5 米,亩均 27 株,已开始挂果。想建立个高产示范园。我该怎么做?

答:初挂果幼树应多以中、短枝顶花芽结果为主。因此,夏季对当年新生枝条要及时打顶,促发分枝;冬剪时对中、短枝尽量少打头,产量会迅速提高。你园的行株距 5 米×5 米,最终配套的树形应是偏扁形,如果搞成圆形,行间无通道,会给日常操作带来不便。注意加大投资力度,核桃园要高产,必须让树先吃饱。

175. 小树定干过高,如何培养自然矮冠圆头形?

【案例】山西省古县旧县镇王××问:我栽植了 70 亩核桃树,园中有小树,有大树,树龄 5~10 年不等。小树定干过高,主干大多在 1 米以上,树上没有几根枝条,大树已形成高、大、空。由于管理不当,多年收入甚微,一心想把园管好,但该从何处着手呢?

答:小树定干过高,应控制顶端优势,依照核桃树背下枝生长迅速特性,多培养裙枝,利用下垂枝结果。对那些已形成高、大、空的大树,卸果后要落头,锯口甩小辫,促使树冠内膛多发枝,扩大结果有效容积。对园中不结果的树高接换头,嫁接时用方块芽接法最好。白露卸完核桃后立即着手秋施基肥,这是提高产量的关键措施。

176. 核桃树剪口流水是咋回事?

【案例】中农乐千乡万村 APP"在线问诊"用户问:核桃树剪口流水是咋回事? 如何避免?

答:核桃树剪口流水是由于树木组织液的压力导致的树液外流,流出来的是树体的一些营养物质和水,这是核桃树独特的生理特性,俗称伤流。要避免剪口流水,寒露至立冬修剪最好,11 月、12 月为伤流高峰期,尽量避免在此时修剪。翌年早春为伤流低峰期,冬季未修剪的核桃树可推迟到发芽前修剪。

第三部分　肥水管理

177. 核桃坐果后啥时候可以追肥浇水?

【案例】中农乐微信公众平台读者问:想让果个增大,核桃坐果后什么时候可以追肥浇水?

答:5月初到6月初,为幼果迅速生长期。此期果实的体积和重量迅速增加,体积达到成熟时的90%以上,重量达70%左右。此时追肥浇水,可明显增大果个,提高品质与产量,时间宜早不宜晚。

178. 果实膨大期应补啥肥?

【案例】中农乐千乡万村APP"在线问诊"用户问:果实膨大期应补什么肥好? 亩用量是多少?

答:追肥选用速效肥效果最好,冲施肥比地下条施、坑施肥效果好。随水冲施,水渗到哪里肥随之可带到哪里,并且接触根系面大,利用率极高。亩用量多少与树龄有关,3年以内幼树,迅速扩大树冠是第一目标,要增加施肥次数。浇水必施,根据天气干旱程度年周期内可多浇几次水,以促使迅速扩冠。依树龄不同,施肥量也逐年增加。

179. 核桃树生长中期如何追肥?

【案例】中农乐微信公众平台读者问:挂果量大,树势显弱,现在还能不能再追肥? 追啥肥效果好?

答:能,冲施或用施肥枪注施。全营养肥搭档组合,肥力足、营养全、肥效长。冲施时最好少浇点水,只浇行距1/2即可,杜绝大水漫灌。

180. 核桃树能与苹果树一样夏季补磷促芽分化吗?

【案例】中农乐微信公众平台读者问:苹果树夏季补磷能促进花芽分化,核桃树可以吗?

答:与苹果树相同,核桃树适时补充磷元素,同样可以促进花芽分化,提高果实品质。来年结果的多少取决于当年花芽分化的数量,而花芽分化量很大程度上取决于当年养分的消耗和积累是否平衡。果实发育、花芽分化均是核桃树需要营养的关键时期。7月份增施适量速效性磷肥,可明显促进花芽分化,提高花芽分化率。

181. 5月上旬核桃园该追啥肥?

【案例】中农乐微信公众平台读者问:春季雨水多,核桃园不用再浇水,用冲施法追肥行不通,那么5月上旬地下追肥怎么办?

答:如果选用水溶性速效肥类,可用施肥枪地下注施或滴灌、渗灌。

182. 核桃园可以常年施沼液肥吗?

【案例】山西省新绛县古交镇张××问:我的核桃园面积约15亩,其中5年生初挂果树5亩,3年生幼树10亩,品种多为清香,行株距为5米×4米,亩均33株。常年施的是自家大型养猪场里的沼液肥,施肥量较大。我这样施猪粪可以吗?

答:红垆土,大水地,最易患根腐病,因此,施肥时增施生物菌肥。另外施猪粪时一定要熟化,切勿施生粪,粪池中可搅拌生物菌剂,使其充分发酵后再施入地下。建议实行地下生草制,一棵草终生的索取远远低于它的奉献。

183. 核桃园浇水需要参考树龄吗?

【案例】中农乐千乡万村APP"在线问诊"用户问:核桃园浇水需要参考树龄吗?

答:要依树龄而定。1~3年生幼树,迅速扩大树冠是第一目标,生长期根据天旱程度可多次浇水,水能助长,但不要浇空水,浇水的同时要追速效水溶肥。结果大树不大旱不需要多浇水,更不可用大水漫灌,浇水过多,树冠顶端会冒条,会影响到花芽稳定分化。但万事没有绝对,夏季如果遇高温干旱,上午11时到下午3时叶片出现萎蔫,或出现落果,就应立即补水,但只浇树行 1/2 即可。

184. 核桃园 7 月上旬能浇水吗?

【案例】中农乐千乡万村 APP"在线问诊"用户问:核桃园 7 月上旬能浇水吗?

答:应区别对待。某年 4 月上旬,多地核桃园大面积遭受严重霜冻,当时正处于坐果期,幼果及嫩叶全被冻干,造成很多园减产或绝收。对这种树上没有果实的园不要浇水,天旱有助于花芽分化,少折腾,别弄巧成拙。果实累累的结果大树,或正处于扩冠期的幼树,天旱时可适当补水,但不要大水漫灌。

185. 核桃园深冬补施基肥还来得及吗?

【案例】中农乐微信公众平台读者问:因前段时间忙着卖苹果,未顾得上给核桃园施肥,深冬补施还来得及吗?

答:地已冻,施肥为时已晚,明春发芽前补施最好。冬季树上没有叶片,地下所施的肥料得不到转换,果树休眠期长达 4 个月,以免造成不必要的损失。因此,冬季施肥,得不偿失。

186. 核桃园应在什么时候冬浇?

【案例】中农乐千乡万村 APP"在线问诊"用户问:核桃园应该在什么时间冬浇?

答:核桃园必须浇封冻水,浇水时间最好能在小雪至大雪之间。此时,低温天,蒸发少,又开始结冰,保水效果好,浇足一水可耐到来春。

187. 2 月中旬补浇封冻水晚吗?

【案例】中农乐微信公众平台读者问:前期因水泵出问题核桃园未浇封冻水,2 月中旬浇水晚吗?

答: 去冬未浇封冻水的核桃园来春都应该补浇。有浇水条件的应抓紧时间,浇得越早越好。一可以解决因久旱无雨雪土壤严重缺水问题,二可以预防嫩梢因脱水而抽条。

188. 浇水只浇株间不浇行间科学吗?

【案例】山西省永济市蒲州镇张××问:我建了50亩核桃园,亩均40株,前3年从辽宁引回优种接穗,嫁接后去年已挂果,绿皮薄、果个大、产量高、品质好,极有发展前途。从园貌整体观察,全园树势稳定,但从叶片分析,地下肥力不足,投资不到位。多年全园清耕,每年用旋耕机打地数次,浇地时只浇株间而不浇行间。这样做对吗?

答:从你高接换头后果实累累的树上剪接穗,将园中不结果或结果少的树高接换头。加大投资力度,核桃树需肥量大,一定要让树吃饱,尤其要重视秋施基肥。实行地面生草制,不能再用旋耕机耕地了,此做法弊大于利。核桃园浇地时只浇地面1/2,你做到了,但你浇反了。正确做法是只浇行间而不浇株间。

189. 70亩核桃园全年施一次尿素可以吗?

【案例】陕西省延长县安沟镇高××问:我有70亩核桃园,树龄4年,去年全部高接换头,品种改为清一色香玲。行株距4米×4米,亩均42株。栽后由于不懂管理,全园植株大多放任不管。每年地下施尿素一次。从栽植至今从未打过药。现在该怎么办?

答:70亩核桃园不是个小数目,丰产了能挣到好多钱。改接的香玲品种好、产量高、不愁卖,但肥料一定要施足量、施对路,不然果个会显小。施对肥,土地肥力足、营养全、肥效长,而且能提高土壤透气性。树形宜采用矮冠自然圆头形,这是顺应核桃树生理特点及生长习性的配套树形,易管理、易挂果、易成形、易高产。修剪手法要严格按照核桃树修剪口诀操作,促使树上形成的花芽都能高发结果。

190. 核桃园可以施复合肥吗?

【案例】河南省伊川县白沙镇张××问:我栽了100亩核桃树,树龄已5年,有些树开始挂果。园中品种有香玲、钻石、清香、薄壳等。行株距5米×3米,树形为疏散分层形,修剪时当年生枝一般留0.8~1米处下剪,树冠内膛已光秃。每年施肥1次,以氮、磷、钾含量各15%的复合肥为主,多年除春季打1

次石硫合剂外,全年基本不打药。下一步是不是应把重点放在树形上?

答:香玲、钻石、清香、薄壳都是好品种,产量高、品质好、不愁卖。但管理一定要到位,疏散分层树形不宜在核桃树上应用,否则,容易形成高、大、空。修剪手法很重要,修剪口诀要记熟,要领会,要以培养中、短型结果枝为主。在培养好树形的基础上,病虫害防治不能马虎,更应重视秋施基肥。含大量元素各15%的肥料最好不要施,氮磷相比磷减半,核桃树需磷量较少,选肥料时应注意。

191. 新推整的梯田在施肥上应注意啥?

【案例】河南省洛阳市梁××问:我承包了270亩荒坡地,通过数月推土机整修,最终将坡地变成为梯田。2012年栽了核桃实生幼树,行株距5米×4米,亩均33株。第二年开始陆续嫁接,品种多为辽核,全年以秋季施肥为主,每年打1次药。为了少走弯路,我以后该怎么做?

答:整修过的地原土层被破坏,土壤瘠薄,要增施生物有机肥。对园中部分不结果或结果少的树,争取明年6月份将其全部嫁接。基部枝少的树必须控顶,让树冠横向生长大于纵向生长。病虫害防治要到位,一年只打1次药不行,病虫极易泛滥成灾。

192. 开春发芽时和寒露落叶后施肥科学吗?

【案例】山西省稷山县太阳乡杨××问:我栽有5亩核桃树,从栽植至今一直不知从何抓起,导致现在树体高大,多数在6米左右,内膛光秃,结果部位外移,多年也从来不夏管。开春发芽时和寒露落叶后各施1次肥。这样管理有问题吗?

答:核桃采后,抓紧时间先落头,不要让树长那么高,低干矮冠才丰产。落头时切记要甩小辫,过高的树也不要一次到位,分两年操作稳当。秋季施肥见头功。不要等到落叶后再施,应把时间提前到9月上中旬,此时施肥效果最好,回报率最高。

193. 核桃树叶片发黄与施肥有关系吗?

【案例】山西省稷山县太阳乡程××问:我有4亩核桃园,树龄已8年,由于栽后不懂技术,地上基本属于放任不管,全园已形成高、大、空,可地下浇水、施肥从不含糊,也舍得投资,树势也可以,长枝条占的比例大,结果大都集中在树冠外围及顶端。每年的收成除投资所剩无几。这与施肥、浇水、树形关系大吗?

答:从园中叶片分析,你最近地下追肥过于集中,已出现叶肉发黄发黑现象,挖一窝土施一碗肥的做法该改了。再者,园中黑斑病发生较重,建议 10 天喷 1 次药,连续喷 2~3 次,便可有效控制。

194. 高接换头后叶片发黄如何施肥?

【案例】山西夏县禹王乡史××问:我有 6 亩核桃树,从栽植至今过去了整整 7 年,一直不挂果,无奈只得雇能人给高接换头,请问老师我该怎么管?

答:加大地下投资,让树先壮起来。叶片发黄是缺素症,增施中微量元素肥。另外要给园貌不整、冠径小的树"吃偏饭"。提醒你浇水只浇行距一半,核桃园不能大水漫灌。浇封冻水前先把肥水带整出来,栽树的那一半以后不要再浇水。

195. 4 年核桃园该如何管理?

【案例】山西省平陆县坡底乡李××问:2011 年春,我栽植了 146 亩核桃树,今年是第 4 年,我该如何管理?

答:146 亩的大面积核桃园,如果管理技术配套,科学加大地下肥力投入,发财的日子就不会远了。现在应先从冬季整形修剪着手。山坡地树形宜低不宜高,枝组要紧凑,不留直立中干。"冬剪不留头,来年不缺头",修剪要到位,除几个延长头外,其余的枝最好都用花芽带头,使当年树上形成的花芽来年都能抽枝结果,以果压冠,当年生枝节间短,树形就比较紧凑。

196. 施尿素过量导致大量落果怎么办?

【案例】山西省河津市小梁乡阮××问:我有 7 亩核桃园,行株距为 5 米×4 米,树龄 4 年,已初挂果。模仿苹果树拉枝成 90°直角。栽树至今,地下施肥多以尿素为主,造成营养失衡,导致今年大量落果。下一步怎么办?

答:很多人的核桃骨干枝模仿苹果树拉成 90° 直角,大错特错。核桃树背下枝长得快而背上枝长得慢,因此,骨干枝开张角度 50° 左右即可,过大过小都不宜。现在补救办法只有将下垂的骨干枝用木棍撑起来。同时提醒你以后地下不要单施尿素了,多施有机肥和生物肥,肥力足、肥效长,并且还能疏松土壤,可预防核桃园根腐病。

197. 浇水过多导致树势虚旺怎么办?

【案例】山西省芮城县风陵渡镇刘××问:我家核桃园已5年树龄,5亩园销售收入1400元。品种为清香、香玲、8518等,行株距为4.2米×3米,亩均53株,较为密植。因浇水过多,全园漫灌,导致树势虚旺,顶端优势明显,树一直往天上长,树冠中下部发枝量少,无法培养结果枝组,全树大枝多、小枝少,花芽瘦弱,难以丰产。我该怎么办?

答:清香和香玲都是好品种,产量高且品质好,有发展前途。核桃树年周期内需水量并不大,全年不要多浇水,更不宜大水漫灌。核桃树需肥量大,尤其秋施基肥最重要,不宜用速效化肥,更不宜单施尿素。建议地面施行生草制,不要再锄地了,草高了可用割草机刈割。这样做既省工又保墒,还能提高土壤有机质。注意控制顶端优势,将过高的树往下压,促使中下部多发枝,让内膛结果。

198. 施入鸡粪多年,死树死枝严重,怎么办?

【案例】山西省稷山县太阳乡杨××问:我栽了8亩核桃树,行株距为5米×3.5米,亩均37株,品种不详。多年地下施入鸡粪,现在死树、死枝现象严重。不太懂树形怎么培养,夏季不会管理,冬季不会修剪,老师可否给予指点?

答:鸡粪属有机肥,但使用时必须先堆沤腐熟,否则会在分解过程中产生热能,损坏根系,造成根腐隐患。另外,你园中不少树太高,内膛空虚,结果部位集于外围,下部结果枝组已大量死亡。这类树应该先落头,促使内膛发枝,再通过夏季打顶,当年培养出结果枝组。

199. 700多亩坡地核桃园年年有死树现象是啥原因?

【案例】山西省芮城县七里村董××问:700多亩坡地,栽核桃树10000多株,品种较杂,规模大,盲目管理,年年都有死树现象,年年死,年年补,最多一年补过2000多株。遇到这种情况该咋办?

答:该园树龄已 4 年,但树冠不大。每年死树的主要原因是缺水,水是制约该园发展的首要因素。虽山头有水池,但渗灌设施不到位,水不能集中到树根处,造成浪费。原来施肥时只选择含氮量高的化肥,尤其是施纯尿素,造成间节变长,木质部不充实。核桃树即将进入丰产阶段,要迅速扩冠及增加枝量,这是来年丰产的基础。浇地时暂时先不要用渗灌,用水管直接浇效果既快又好。结合浇地进行施肥,山梁地土壤比较瘠薄,施足肥是促长的关键。

第四部分 病虫防治

200. 核桃树涂白剂咋配制?

【案例】中农乐千乡万村 APP"在线问诊"用户问:核桃树涂白剂咋配制?

答:食盐 500 克,生石灰 6 千克,水 15 千克,搅拌均匀。可于冬至涂于核桃树主干。

201. 核桃树春季出现干梢是冻害造成的吗?

【案例】中农乐微信公众平台读者问:核桃树春季出现干梢是冻害造成的吗?

答:核桃树春季发现有干梢的主要原因有两点。

(1)木质部严重脱水。一般冬至后遇严寒梢部枝条都会出现结冰现象,但如果枝条内水分充足,结冰时水分会自然保护细胞壁。枝条一旦脱水,没有保护体,细胞就会被直接冻伤或冻死。因此,核桃园越冬时一定要浇透封冻水。

(2)生长后期施氮肥过多。导致枝梢晚停长,内部组织不充实,抗性弱,极易造成冻害。

202. 5 月份如何防治核桃树病虫害?

【案例】中农乐千乡万村 APP"在线问诊"用户问:5 月份核桃树上应喷啥药? 防啥病虫?

答:核桃树防病重于防虫。5 月份预防黑斑病是全年的关键时期。核桃细菌性黑斑病是一种世界性病害,在我国各核桃产区均有分布。该病主要危害核桃果实、叶片、嫩梢、芽和雌花序。一般植株被害率为 70% ~ 100%,严重时会造成果实变黑、腐烂、早落,使核桃仁干瘪减重,出油率降低,甚至不能食用。

预防方法。当新生叶片生长到 1/2 大小时进行第 1 次喷药预防。在生长季节,雨后必喷,尤其是高温高湿天气,喷药更不能含糊。如果有蚜虫、红蜘蛛、毒刺蛾、尺蠖芽等,要科学调整用药配方。

203. 核桃果实有露仁现象,咋回事?

【案例】中农乐微信公众平台读者问:去年我家核桃果实有露仁现象,咋回事?

答:缺钙。核桃是需钙最多的树种之一,钙如果严重缺乏,便会出现露仁现象。缺钙时根系短粗弯曲,极度缺钙时尖端变褐枯死。地上部首先表现在幼叶上,叶小、扭曲、叶缘变形,并常出现斑点或坏死,严重时枝条枯死。核桃果实成壳,需要大量钙元素,如硬核期补钙不足,极易形成露仁、畸形,严重降低品质,降低商品率。

204. 高温高湿天如何预防核桃黑斑病?

【案例】中农乐千乡万村 APP“在线问诊”用户问:高温高湿天如何预防核桃黑斑病?

答:核桃黑斑病是核桃树最严重病害之一,它是由细菌侵染引起的病害,发生范围广泛。

防治方法。

(1)选栽抗病优良核桃品种,是防治细菌性黑斑病的重要前提。

(2)加强树体管理,保持行距畅通,科学配方施肥,保持营养平衡,使树体生长健壮。

(3)采果后,应及时清除残留病果、病枝和病叶,集中销毁,减少翌年病原菌。

(4)进入 6 月中旬后,核桃园不旱不要多浇水,避免高温、高湿,不给病菌大量繁殖创造有利条件。

(5)从 5 月中旬开始,树上针对性地喷杀菌剂,10～15 天喷 1 次,连喷 3 次。7～8 月份高温高湿天雨后必补喷。

205. 如何防治核桃腐烂病?

【案例】山西省临猗县临晋镇刘××问:核桃腐烂病如何防治?

答: 核桃腐烂病又称烂皮病、黑水病,是一种真菌性病害。主要危害核桃主干、枝干的树皮,严重时,造成枝衰、枝枯,结果能力下降。植株发病率50%,如不及时防治,严重时可达90%以上,造成整株死亡,全园毁灭。

防治方法。

(1)加强树体管理,增强树势是防治腐烂病的基本措施。

(2)通过刮除老翘皮,主要是主干、骨干枝基部及枝接换头处,刮至微露新皮为宜,最好是春季进行。刮后结合清园杀灭病源菌。

(3)刮除病斑,范围应比变色坏死组织宽1~2厘米,刮口要光滑平整,刮完后用杀菌剂涂抹患处。

(4)如果5~6月份发现腐烂病迹象,建议用杀菌剂再次涂抹。

(5)早春主干涂营养肥加杀菌剂,既补养又防病,一举两得。

206. 核桃口味发涩是啥原因?

【案例】中农乐微信公众平台读者问:核桃口味发涩是啥原因?是生理病害吗?

答: 核桃口味发涩与果仁内脂肪含量有关。7月上旬至8月下旬为脂肪迅速积累期,此期果实内淀粉、糖类大量转化为脂肪,含量占到63%左右。此时,青果皮中钾的含量也达到高峰。钾与脂肪积累关系密切,所以应在果实生长后期多施钾肥,可明显提高品质,使味道清香,后口发甜。口味发涩的另一个原因是后期施氮量过大,尤其是单一施用尿素。不是不让施氮肥,而是要把握好度,一般7月以后尽量少施氮肥,后期施入过多的氮,不仅会降低品质,还会影响花芽分化。

207. 核桃仁不饱满是缺素症吗?

【案例】中农乐千乡万村APP"在线问诊"用户问:核桃仁不饱满是啥原因?

答: 核桃仁不饱满可能是肥量不足,或是氮肥施用过量而磷、钾肥施用不足。尤其秋季雨水偏多年份,核桃园中施肥量不足,易造成秕仁。切记:对核桃树而言,让其吃饱,但不让其喝饱,这样就会年年丰产,仁饱,品质好。

208. 下霜后出现青干是咋回事?

【案例】中农乐微信公众平台读者问:我家核桃园比邻居核桃园落叶晚,下霜后还出现青干现象,是什么原因?

答:后期氮肥使用量过大,地下单一施用尿素,或秋季过多施入人粪尿,都会造成贪青晚熟,叶片青干,落叶期推迟。核桃树在年周期内前段施氮可以助长,而后期应以磷、钾肥为主。施氮过多,弊大于利。

209. 核桃园修剪后有必要再喷1次杀菌剂吗?

【案例】中农乐微信公众平台读者问:核桃园修剪后再喷1次杀菌剂,有必要吗?

答:很有必要。一是可将树干树冠及残枝落叶上的越冬菌杀死,减轻病害基数,防患于未然;二是药液可将剪口封闭,起到灭菌隔离保护作用。

210. 核桃树冬季涂白有什么好处?

【案例】中农乐千乡万村 APP"在线问诊"用户问:核桃树冬季涂白有什么好处?

答:第一,石灰具有一定的杀菌、杀虫作用,可以杀死寄生在树干上的一些越冬的真菌、细菌和害虫。

第二,由于害虫一般都喜欢黑色、污浊的地方,不喜欢白色、干净的地方。树干涂白后,地面的害虫便不敢沿着树干爬到树上找越冬场所。

第三,冬天夜里温度很低,白天受到阳光的照射,气温升高,树干是黑褐色的,易吸收热量,树干温度也上升很快。这样一冷一热,树干容易冻裂。尤其是大树,树干粗,颜色深,而且组织韧性又比较差,更容易裂开。涂了石灰水后,由于石灰是白色的,能够使 40% ~ 70% 的阳光被反射掉,因此树干在白天和夜间的温度相差不大,就不易出现裂皮现象。

211. 举肢蛾为害严重如何防治?

【案例】陕西省白水县林皋镇闫××问:我有一处 560 亩的家庭农场,栽植了 100 亩清香核桃,去年又扩栽了 18 亩,先后共栽 118 亩。由于不懂管理技术,几年来只能放任自长。加之地下鼠害严重,造成部分苗木缺失,虽已补齐,但苗木大小不一、园貌不整。近两年来早期落叶病、举肢蛾为害也呈上升趋势,怎么防治?

答:早期落叶多是高温高湿天暴发性细菌黑斑病所造成的,喷杀菌药剂不能含糊,每次雨后必喷,内外都要喷到。举肢蛾第一代幼虫于 5 月中旬开始穿透内果皮取食种仁,蛀孔很小,流出胶液,造成大量落果,但外果皮无明显被害状。7 月中旬至下旬,第二代幼虫在中果皮内蛀食,使果实外面变黑凹陷,形成黑核桃,受害果不脱落。因此,喷杀菌剂同时配上杀虫剂,既杀菌又杀虫。举肢蛾体小抗性弱,大多数杀虫剂都可使其毙命。

212. 核桃叶片发黄、叶梢发白是啥原因?

【案例】山西省永济市蒲州镇陈××问:我栽植了 5 亩核桃树,行株距为 5 米×3 米。栽后已经 5 年,树不成形,多半不结果,并且有几十株叶片发黄,叶梢发白,找不出原因。怎么办?

答:核桃园要挣钱,一靠科学技术,二靠投资。对于 5 年树龄还不结果的树,明年要赶快着手高接换头,因为品种不对路。树叶发黄、叶梢发白是土壤缺氧的典型症状。土壤板结、透气性不良、浇水过多、栽植过深、长期大量施用化肥以及将巷道的雨水引进核桃园等,都会造成土壤缺氧。解决土壤缺氧的办法是多施有机肥,多施生物菌肥,少浇水,控制灌水量。

213. 春季核桃发芽后叶片枯萎是啥原因?

【案例】中农乐微信公众平台读者问:我核桃园里年年都会死几十棵核桃树,春季发芽后,长着长着叶片就萎蔫了。咋防治?

答:应该为根腐病所致。核桃根腐病轻则影响正常生长,重则造成植株大量死亡,是核桃生产中的一大障碍。根部皮层腐烂,易脱落,有酒糟气味,木质部变黑;地上部叶片发黄,叶缘变黑枯焦,严重时几天时间可致整株死亡。根腐病是由真菌所引起的果树根部烂根现象,土壤板结、透气不良、结果过多、树体衰弱、重茬等都是根腐病发生的主因。每年 4~5 月份是根腐病集中暴发时期,这时病株地上部才表现出来。

防治方法。发现病株后,用铁锹以树干为中心,1.5 米左右为半径挖一圈沟槽,用生物菌剂对水,灌于沟槽内。这种方法简单方便,伤根少,补养快。另外,施肥时尽量避免大量使用化肥,更不能单一使用尿素。多施全营养有机肥及生物菌肥。每年使用土壤松土剂,能有效提高土壤通气性,预防核桃园根腐病发生。

214. 核桃园突发死株死枝是啥原因?

【案例】中农乐千乡万村 APP"在线问诊"用户问:我家核桃园最近突然连续出现死株、死枝现象是什么原因? 该咋办?

答:应该是根腐病,其他病虫危害一般不会突然出现死树。造成根腐病的主要原因是土壤板结、通气不良、浇水过多、施肥不当。建议你多施生物有机肥及复合肥。对于个别枝死亡的树,可在死枝垂直下方刨土凉根,再用蒙鼎生物菌剂灌根助其恢复。

215. 根腐病会不会传染?

【案例】河南省三门峡市陕县刘××问:我下乡发现很多核桃园有根腐病,虽不是连片发生,一般园中只有几棵或十几棵,但发病面较广,我们这一带几乎都有发生,咋办?

答:根腐病又叫烂根病,是核桃树三大主要病害之一。每年 4 ~ 5 月份,病株地上部分才表现出来,病树通常表现为叶片萎蔫,青枯,最终叶片脱落。挖开土壤检查,病株毛细根大量枯死,严重时手指粗的大根也整段枯死,这主要是受寄居在土壤中的镰刀菌侵染所致。土壤板结、通气不良、浇水过多、树体衰弱、重茬等都是引起根腐病发生的主因。因此,提高土壤透气性是预防根腐病的关键。

216. 核桃树主干基部流黑水咋防治?

【案例】中农乐千乡万村 APP"在线问诊"用户问:核桃主干基部不断流黑水是啥病? 咋防治?

答:树干流黑水属于核桃枝干溃疡病。主要以菌丝体、分生孢子和子囊孢子在病斑上越冬,翌年 4 月份气温上升到 11 ~ 15℃,病斑开始扩展。5 ~ 6 月份为发病高峰期,9 月份是第二次发病高峰期。风雨传播,多从皮孔、伤口侵入。枝干感病后皮下变褐色,腐烂,流出赤褐色液体。

防治方法。

(1)加强综合管理,增强树势,浇地时禁止大水漫灌。

(2)清园、喷药时加杀菌剂将枝干喷湿,直至流水。

(3)定期检查及时发现,刮除病斑,或用小刀纵横划痕,划后用过氧乙酸原液涂抹,3 天后再用杀菌剂涂抹两遍,即可痊愈。

217. 核桃树修剪后木质边缘处有黑圈是咋回事?

【案例】中农乐微信公众平台读者问:核桃树修剪后发现木质边缘处有黑圈是什么原因? 涂啥药能预防?

答:剪口木质部发现有黑圈,是地下发生了根腐病所致。地上部涂用任何药都治不了黑圈,只有将根腐病治好后,再抽出的新生枝条木质部黑圈才会消失。

218. 核桃树冬剪后需要抹愈合剂吗?

【案例】中农乐千乡万村 APP“在线问诊”用户问:核桃树冬剪后伤口还用不用涂抹愈合剂?

答:结果大树冬剪后用愈合剂涂抹锯口就行,如果是 3 年以内的幼树,可用愈合剂封闭剪口。一是树龄小、枝条少,工作量不大;二是可保护伤口,减少蒸腾,避免细菌感染,预防剪口干裂,有利于剪口下芽来春顺利萌发,健壮生长,迅速扩冠。

219. 4 月中旬核桃落果是生理落果吗?

【案例】中农乐千乡万村 APP“在线问诊”用户问:4 月中旬开始,核桃园持续落果,是生理落果吗?

答:(1)可能花期遇雨或遭受低温,导致授粉不良。

(2)树体养分不足,造成营养亏空而发生落果。

(3)缺少微量元素,土壤中缺硼、锌、铜的时候,容易发生落果。

(4)使用氮肥过多或偏施尿素。

(5)病虫害引发的落果。

220. 8 月下旬树上一半核桃发黑、腐烂,咋回事?

【案例】中农乐微信公众平台读者问:去年 8 月下旬,仅仅几天时间,树上一半的核桃发黑腐烂,是什么病? 怎么防?

答:应该是高温高湿天气突发的炭疽病,与打药不力、全园密闭关系密切。核桃树抗虫性强而抗病性弱,高温高湿天气应提前预防。建议再建园时行距保持在 5 米开外。

221. 冰雹后,核桃园如何补救?

【案例】中农乐微信公众平台读者问:6 月上旬下冰雹,核桃园果面被砸得坑坑洼洼,叶片被砸得满是窟窿,该咋办?

答:冰雹过后,有些地方确实损失严重。面对现状,只有补救才是。好处是核桃与其他果类不同,果实不怕枝磨,不怕果锈,即使被冰雹砸个小凹,只要伤部不腐烂,不会造成太大损失。再者,核桃叶面积大,保护性强,同等条件下比其他果类灾情要轻。灾后全园细喷杀菌剂,从上到下,从里到外都得见药,喷到滴水为止,既杀菌防腐烂,又补充营养长叶片。

222. 因腐烂病死树死枝怎么办?

【案例】中农乐千乡万村 APP“在线问诊”用户问:我园中腐烂病严重发生,已出现死枝、死树现象,该咋治?

答:腐烂病是核桃树三大病害之一,传播迅速、漫延快,如防治不及时,会出现死枝、死树,甚至毁园现象,要做到随时发现随时治疗。刮除腐烂病疤及病皮和坏死组织,对腐烂病疤要刮至周围健皮 0.5 厘米处,最好成梭形,以便愈合。对老翘皮和轮纹病瘤也要完全彻底地刮除,深度以大树露白、小树露绿为主。刮后杀菌剂涂抹伤口,促进病患处早日康复。

223. 核桃日灼已晒黑如何补救?

【案例】中农乐千乡万村 APP“在线问诊”用户问:树上日晒病严重,有的核桃皮都晒黑了,该喷什么药预防?

答:日晒又叫日灼,核桃果实在太阳光直射下会得此病,持续高温会加重日灼发生的概率及危害程度。树上喷什么药都不能从根本上解决问题,只有改变树形,将原来的分层形、开心形,逐渐向矮冠自然圆头形转变,使植株株形紧凑,内膛充实,果实有叶片保护才能有效预防日灼病。

224. 每年有近 50%黑核桃,如何防治?

【案例】中农乐千乡万村 APP"在线问诊"用户问:我园年年黑核桃严重,去年病果有一多半,该咋预防?

答:成熟前一个月,是核桃园炭疽病暴发期,尤其是高温高湿天气,稍不注意,便会毁于一旦,前功尽弃。即将成熟的果实发黑腐烂,感染率高、发病快,令人防不胜防。某年黑核桃发生严重,只短短一星期时间,有的园中核桃就黑了大半。炭疽病暴发期多集中于立秋前后,发病的早晚和轻重,与高温高湿有密切关系,雨水多,湿度大,发病就重;植株行距小,通风透光不良,树体高大,整园密闭,发病则重。发病严重程度与品种也有很大关系,早实薄壳核桃易发病,晚实核桃发病较轻。

225. 金龟子为害幼树嫩芽咋防治?

【案例】中农乐千乡万村 APP"在线问诊"用户问:去年金龟子成群结队将幼树嫩芽都吃光了,今年又发现金龟子为害,该打啥药?

答:刚进入 4 月份,各地都发现有金龟子上树,这与上年虫口基数有关,也与春季气温稳定、雨量充沛有关。春季核桃树发芽开花时是金龟子为害盛期。傍晚时,成群结队的金龟子飞到树上,嫩叶、新枝、花穗、幼果通吃。黄河滩核桃园发生较重,严重时绝收。

防治方法。傍晚是金龟子为害严重时段,防治效果特好,随打随死,药效可持续 3~5 天。也可将药剂颗粒撒于树下,傍晚震树,触杀效果也很好。

226. 如何防治介壳虫?

【案例】中农乐微信公众平台读者问:去年打了几次药,介壳虫还是杀不死,为什么?

答:介壳虫与其他害虫不同,虫体外披蜡质层,药液很难穿透其壳,桑白蚧、龟蜡蚧、球坚蚧都是如此,并且繁殖速度较快,一旦扑杀不力,必然会泛滥成灾。

打药时必须配加渗透剂,才能穿透介壳蜡质层。比如,气温达 20℃以上时,用药剂加渗透剂对树冠上下内外的大小枝干细致喷洒,将药液直接喷洒在虫体上即可杀死各类介壳虫。

227. 成熟时黑核桃落满地是咋回事?

【案例】山西省稷山县太阳乡李××问:家中栽有 5 亩核桃树,树龄 6 年,品种不详,行株距为 4 米×3 米,亩均 55 株,由于打药不力、用药不当,导致这两年树上黑核桃发生严重,快成熟时地下落了一层。相同的药,喷打到山楂树上管用,喷打到核桃树上咋不管用呢?

答:黑核桃就是人们常说的炭疽病,是由真菌引起的病害,感染率之高、发病之快,令人防不胜防。8 月份,遇高温高湿天,炭疽病最易侵染,此期必须盯防。

228. 霜冻后能否追肥浇水?

【案例】中农乐千乡万村 APP"在线问诊"用户问:核桃树受霜冻后,为尽快恢复树势,能不能追肥浇水?

答:如果上年秋季已施过基肥,开春遭霜冻后最好不要再追肥。肥料追施后都得通过叶片转化后才能被植株利用,现在树上没有叶片,追肥后也起不到多大作用。如果春季雨量充沛,地下不缺墒,最好不要浇水。等到树上叶片长到一半大时,再追肥浇水也不迟。

229. 核桃园根腐病严重,咋防治?

【案例】山西省万荣县西村乡潘××问:我栽了 30 亩核桃树,900 多株,第 5 个年头了,30 亩地只收了 200 多千克干果,还不够买肥料买农药的费用。大多数树都是结几个果,还有 40%的树未挂果,环剥后也不结果。家里有台手扶拖拉机,一年多次旋耕除草。我发现园内根腐病特别严重,目前有 100 多株病树,还有蔓延趋势。心里急啊!怎么办?

答:根腐病有传染性,应早控制早治疗,杜绝蔓延。先刨土凉根,两天后,用蒙鼎生物菌剂加深三尺灌根。建议实行核桃园生草制,最好不用手扶拖拉机旋耕,草高后用割草机刈割。培肥地力,多施有机肥,多施生物菌肥,为树体提供充足营养物质,让树先壮起来。

230. 怎样防治核桃黑斑病?

【案例】山西省永济市栲栳镇任××问:家中栽了6亩核桃树,5年树龄,当年建园时栽的实生苗,行株距为5米×4米,栽后第2年嫁接,接穗选择为香玲,属早实高产品种。由于舍得投资,改接后的树生长健壮,枝条充实,已开始挂果,但果面有黑斑病,这病咋防治?

答:品种选对后培养树形很关键,株形要紧凑,横向生长要略大于纵向生长,要充分利用树冠内膛有效结果容积。你的树形还未完善,明年可用结果枝组继续扩冠。加强管理,保持行距畅通,保持营养平衡。采收后,及时清园,有针对性地喷杀菌剂。最后注意加大地下投资,这是丰产的基础,尤其要重视秋施基肥。

231. 核桃黑仁空壳多咋防治?

【案例】山西省芮城县风陵渡镇薛××问:我栽了6亩核桃树,品种为清香,8年生树龄,行株距为5米×4米,亩均33株。由于从栽树至今管理不当,投资也不到位,每年春季结果大树每亩只施一袋复合肥,产量一直上不去,多年亩产一直徘徊在50千克左右。所产的核桃黑仁多、空壳多、果个小,客商看后直摇头,现在有了想刨树的念头。该刨吗?

答:清香是个好品种,品质好、产量高,树龄已经8年,刨掉实在可惜。只要加强管理,当年便会提高效益。树形已长成高、大、空,结果部位全在外围,遇上持续高温天气,日灼病发生严重,这是造成黑仁及秕仁的主要原因。因此改变树形很关键。发芽前可将过高的树顶往下落,过长的结果母枝往回缩。同时要注意加大地下投资,秋季施足基肥。

232. 如何防治黑核桃?

【案例】山西省永济市城西办卫××问:我栽有7亩核桃,其中5亩香玲,10年树龄;2亩清香,5年树龄。行株距为4.8米×3米及5.5米×4米。在培养树形与日常修剪中没有走大的弯路,现在树形、树势、园貌还可以,去年卖青果约6000千克,成熟后还晒了200千克干果。每年浇水5~6次,施肥2次,打药5~6次,地面多为清耕。近几年园中黑核桃发生较多,对果实品质影响较重。怎么防治呢?

答:香玲和清香都是好品种,但对肥水要求严格,尤其在施肥方面,一定先让树吃饱。核桃树需水量不大,每年浇好封冻水,其他时间不大旱不要浇水。黑核桃多是炭疽病发生严重所致,防治重点在 7 月份高温高湿天,切记,雨后必喷药防治。提倡地面生草制,莫再清耕。

233. 主干形树容易发生日灼吗?

【案例】河北省邢台市邢台县刘××问:我经营着 250 亩核桃园,树龄 10 年,品种为香玲与辽核,行株距多为 5 米×3 米,亩均 45 株。由于培养树形方法不正确,一直沿用主干形,常年以拉枝为主,造成内膛空虚,品质低下,产量上不去,并且日灼病年年严重发生。请问日灼病与树形有关系吗?

答:核桃树拉枝在河北省属普遍现象,中间直直一主干,着生在主干上的枝条枝枝拉平,有的园在拉枝的同时还分层,这样造成内膛光秃、树冠总枝量减少,产量上不去,并且树上大多数果实都会被烈日曝晒,造成日灼,形成秕仁或空壳。核桃树干性强,萌芽力弱,成枝力强,分枝角度大,背下枝、斜生枝比背上枝生长快。依据这些生长特性,核桃树配用矮冠自然圆头树形较为科学,挂果早、易丰产、好管理、易掌握,并且果实商品率高。建议你先将园中过高的主干往下落,过长的主枝往回缩,利用冬剪和夏管技术,使树形向矮冠、紧凑、充实、自然方面过渡。

234. 开春清园不见病虫就不用打药吗?

【案例】湖北省宜昌市刘××问:有些人认为核桃树不生病、不惹虫、不打药、不用管,开春根本不用进园打药。是这样吗?

答:核桃春季清园是全年病虫害防治的关键,是减少病原物,防止侵染性病害及各类虫害的最有效措施之一。很多核桃园黑斑病、早期落叶病、腐烂病、红点病、黑点病、举肢蛾、伏尘子、桑白蚧、康氏粉蚧、螨类、潜叶蛾等病虫害比较严重,有的已泛滥成灾,更应全园细心喷药,重视春季清园。春季清园喷两次药效果最好,第一次在惊蛰后,第二次在萌芽前。不给各类有害病菌留有繁殖机会,不给各类越冬害虫留有藏身之地。

第五部分　看图会诊

235. 核桃幼果期管理有哪些技术手段？

果台副梢在坐果期便可萌发抽条，莫疏，可让其自由生长，到6月底再做处理。

打顶是增加中短枝量的有效手法，但时间要限制在5月中旬以前，过期不打。

236. 核桃树栽前要注意啥?

从苗圃地起苗,尽量多带毛细根,这是保证成活率的关键所在。

栽植前将根系浸泡在 20 厘米深拌过蒙鼎生物菌剂的水中 10 小时左右,让幼苗先喝饱水,这样才有助于成活。

237. 为啥栽核桃树不建议挖深坑?

栽树临时挖深坑,不显优势显弊病。

浇水下雨都沉陷,根深地凉树不变。

栽树时,建议用手提式打坑机挖坑,省时、省工、效率高。操作时,打坑不宜过深,约25厘米即可,防止浇水后沉淀。

238. 为啥核桃树栽后要先定干？

栽树后先定干，是走向成功的第一剪。水地剪下留一米，旱地剪下留0.8米，这是各地丰产园多年积累的宝贵经验。

239. 核桃幼果期能浇水吗？

当核桃幼果长到蓖麻粒大小时最好不要浇水，更不能大水漫灌。其原因是浇水后会明显降低地温，引起大量落果。

240. 怎么分辨核桃树的雄花?

戴网的、吊穗状的都是雄花;疏除雄花芽可节省大量养分而促进雌花发育,从而提高坐果率。疏除率应达 80%~90%,时间越早,效果越好。

大龄树结果部位果台副梢比幼龄树短,有些还出的是雄花,见后将雄花疏除即可。

241. 给核桃树疏除雄花能增产吗?

核桃树疏雄能增产,疏除雄花芽,可节省大量水分和养分,减少与雌花争夺水分和养分,明显提高坐果率。核桃雄花为柔荑花序,雄花序长8~12厘米,疏得越早效果越好。

疏雄不及时,花絮能长20厘米长,吸收多、消耗大,养分浪费严重,影响坐果率。

242. 核桃树遭霜冻后嫩枝要剪吗?

核桃树遭霜冻后,建议树上喷 M-JFN 原粉,当年新生枝条上的嫩芽一星期后又会萌发。因此,灾后嫩枝还是不剪为好。

243. 早春核桃园为啥必须清园?

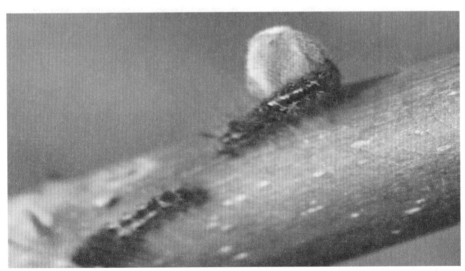

早春核桃不清园,枝上毛虫上下窜。

病害虫害泛成灾,一年辛苦算白干。

244. 核桃幼树受冻死亡该不该锯掉?

受霜冻严重的幼树,部分骨干枝已经死亡,应从基部趁早锯除,伤口用中农乐青苹果牌愈合剂涂抹。

受灾后,内膛萌发出的二次枝数量大,有些盲节上的隐芽也会萌发,这是好事,不要疏,翌年产量会大幅度提高。

245. 核桃园为啥不提倡旋耕?

　　深旋或深翻时把20厘米左右深土层内的根全破坏了,生长最活跃、对温差最敏感、吸收养分和合成细胞分裂素能力最强的浅层根系遭到破坏,使其失去发挥良好的吸收、输导、合成和贮藏功能,使植株形成低产旺树,导致结果晚,不丰产。因此,核桃园不提倡旋耕。

246. 为啥不能把核桃树当苹果树去管?

核桃当成苹果管,内膛空空枝去完。

连年分层层层空,要想丰产难上难。

树高枝密不见天,放任不管条乱窜。

想结核桃非常难,适宜歇凉谝谝闲。

247. 核桃树春季不发芽是咋回事?

去冬锯大枝,最下部未留辅养枝,易导致春季不发芽。

248. 核桃树为啥不宜刻芽?

　　核桃树顶端优势生长旺盛,如不及时控制最容易形成下部光秃、内膛死枝现象。好多果农想用刻芽的办法增加树冠下部的枝量,这种办法用在苹果树上效果可以,但在核桃树上却行不通。中农乐核桃研究所曾做过试验,发芽时选了几棵强壮树,并在主枝饱芽处共刻了 14 个芽,最终一个分枝也没出来。试验结果及各地多年实践告诉我们,核桃树不宜用刻芽的办法来增加分枝。一棵树,如从顶端疏枝可促其下部发枝;一根枝条,如从前面疏枝可促其后面发枝。懂得了这个道理,要想使树冠下部及内膛多发枝,控制树冠顶端及树冠外围的总枝量是最稳妥的办法。

249. 核桃树啥时候换头好?

栽树当年莫要换头

3年生树换头嫁接正当时

250. 如何处理核桃树方块芽接换头锯口?

剪锯口下不留枝　　　　　　　　　锯口下留一小枝

大树高接换头,夏季用方块芽接法效果不错。但春季去大枝时五拳头下部最好能留一小枝,以减少地上枝量与地下根量之反差比。留枝角度宜90° 或大于90° ,即使下垂拖地也不碍事。只要地上部分还有少量叶片,地下吸收根就不会大面积死亡,就能及时吸收地下养分通过导管供应地上,促使植株隐芽萌发抽条,为夏季芽接创造条件。如果锯光,效果则相反。这就是"叶靠根长,根靠叶养"的道理。

251. 核桃树为啥不宜用枝接法?

劈接、皮下接、舌接的方法统称为枝接法,是惊蛰前后高接换品种时常用的手法。这种手法在核桃树上应用也能够成活,但成活后接穗与砧木内处愈合能力欠佳,嫁接后多年的伤口内部也不能完全愈合,半边实、半边空,易藏虫、不抗风。核桃树嫁接时提倡用方块芽接法,从5月下旬至6月下旬为芽接黄金时期,此时芽接成活率最高,接后留两叶即可剪砧,让接芽萌发,长势好的当年落叶时就可达到2米以上。

252. 核桃树落头该不该除萌芽？

大树落头后锯口萌芽应及时抹掉，否则，会朝天上长出几十根直立枝，起不到落头效果。

果台副梢可以做接穗利用，采集时剪留 10 厘米短桩，以确保果实后部花芽能正常稳定分化。

253. 高接换头的树要不要疏枝？

结果大树主干基部抽生出的实生枝条应及时疏除，否则会扰乱树形，影响结果。

高接换头的树且莫要疏枝，挑选几个健壮枝嫁接后，其余的枝条可从基部扭枝变向，作为辅养枝利用。

254. 核桃树夏季芽接为啥难发枝?

　　夏季芽接,是果树改劣换优最常用的手法。核桃树一般多采用方块芽接法,6月上中旬嫁接,接后接芽上方留两片叶剪砧促发枝,只要水、肥补充及时,待到落叶时萌发出的新枝可长到1米。

　　可是,也有很多核桃栽植户反映,高接换优接芽成活后不发芽,不出枝。经分析,主要原因是嫁接取芽时未带芽内生长点,接芽成了空壳,出现芽点不萌发现象。因此,取芽操作时应当抹着取,而不是一揭了之,核桃芽接需留神,不带芽点难发枝。

255. 为啥说核桃树嫁接成活要靠叶?

　　根靠叶养,叶靠根长。树上的叶与地下的根是相对应的。正确的做法是,将接芽以外的其余枝条从基部扭枝头朝下,作为输养枝对待,这是保障嫁接成活的有效手段。

256. 核桃树接芽突然枯死,咋回事?

　　原因:一是提前将其他枝全部去掉,树上未留辅养枝;二是高温天气地下大量追施化肥。

257. 为啥核桃树 6 月不宜再打顶？

　　2~3 年龄幼树，以迅速扩大树冠及培养紧凑骨架为主，打顶手法可持续到7 月上旬末；4 年龄以上的结果大树，以高产稳产为主，进入 6 月后打顶，则会秋梢满树，难以形成花芽。

258. 为啥说核桃树打顶不能一刀切?

幼树新抽生的生长枝

幼树新抽生的结果枝

大龄树抽生的结果枝

打顶时一定要注意生长枝与结果枝的区别,千万不能见枝就打头。幼树结果枝生长势强,生长量大,有的长到40厘米才能见幼果,一般打顶过早会出错;大龄树树势稳定,结果枝一般生长量小,20厘米以内便可见幼果,一般不会出错。大田管理应根据树龄树势,酌情掌握,打顶切勿一刀切。

259. 为啥核桃幼树夏季要强调打顶？

初挂果的核桃树生长势强，果台副梢较长；盛果期后树势相对稳定，果台副梢较短。前期不管长短，可统统放任不管，任其自由生长，到6月底依据其强弱及数量酌情处理。

三年生以内幼树，打顶后所萌发出的二次枝可进行再次打顶，以促发分枝，充实内膛，稳步扩冠。四年生结果大树进入6月份莫要再打顶。

260. 这样的核桃"森林"该咋处理？

核桃栽了一大片，不会修来不会剪。

放任多年都不管，人如站在森林边。

进了园内更难堪，横七竖八枝条乱。

如不尽快大改造，园主永远难挣钱。

261. 核桃园可以套种庄稼吗？

树龄已 5 年，
眼看就丰产。
胡乱去套种，
总想挣大钱。

上面想结果，
下边想种田。
结果全丢掉，
两头不合算。

树形要自然，
扩冠需空间。
通风又透光，
行间要留宽。

栽树前 3 年，
可以套低秆。
4 年莫再种，
尽快保丰产。

262. 这些核桃树都有哪些整形错误?

栽后不定干,树形成竹竿

整形去分层,终究难丰产

长枝不回缩,形成高大空

好种差树形,高产成泡影

263. 结果枝基部扭伤变向能接吗?

　　不能接,结果枝基部扭伤变向,木质受损,结果枝会迅速变衰,易导致即将硬核的果实落果。

264. 核桃园夏季打药应注意啥?

喷药时戴上口罩、手套、遮阳帽,树冠上上下下、内内外外,务必喷到,不留死角。配药时先将杀菌剂、杀虫剂分别稀释后再混合复配,保证药液混合均匀,避免高温高湿天发生药害。

265. 为啥核桃树要控制强势头?

图中的核桃树在培养树形上走了弯路。一株一干、一株两干都行,但必须要及时控制顶端优势,不然就会像图中大树那样成了扫帚形,纵向生长大于横向生长,树冠下半部的结果枝组全部死光,结果部位集于顶端,产量低、果个小、品质差。这类园控制强势头是关键。

266. 黑核桃是啥原因形成的？

举肢蛾为害

炭疽病

黑斑病

267. 果实未熟先裂是什么原因?

　　果实未成熟先裂口,主要是缺钙所致。用 SQM 钙镁 1500 倍液全树喷洒预防效果好,也可以与其他杀菌、杀虫剂混喷。

268. 核桃树突然萎蔫干枯是根腐病引起的吗?

　　大多数是根腐病所致。发现后刨土凉根,两天后用蒙鼎生物菌剂 + 深三尺灌根。以菌制菌要比以药杀菌效果好,同时还能补充营养,利于树势恢复。

269. 核桃园里这种虫是益虫还是害虫？

这是天蛾幼虫,食量很大,喜欢啃食嫩叶,叶肉叶脉通吃,是害虫。发现后及时用农丽乐喷雾触杀。

这种虫名叫吹绵蚧,管状环形挂枝头,在各地核桃园时有发生,是害虫。配药时需加上增效剂,穿透其蜡质层,快速将其杀灭。

270. 核桃园里这样的蔫树是什么原因造成的?

草甘膦危害状

核桃园里这种叶片窄长、颜色发黄、叶脉外露、枝条萎缩、长势锐减的植株,应该是上年除草剂使用不当造成的。

园中使用除草剂,应当选择无风天或下午 3 时气温降低后进行,以免药雾因大风而飘移到树冠叶片上。阳光强烈、气温太高,使喷到杂草叶片上的药液过快蒸发到树冠叶片上。

出现这种情况的核桃园,可以将树干五拳头以上枝条去掉,促发新枝,待 6 月份方块芽接,高接换头。

271. 核桃树落头有没有基本要求?

落头操作宜两年,
一次到位有弊端。
锯口下面甩小辫,
稳定树势产量翻。
不懂技术路走弯,
树顶似乎撞破天。
白露过后果卸完,
高树落头最关键。

272. 高温天给核桃树施肥不当有啥后果？

高温天地面泼洒猪粪尿、人粪尿等，会引起早期落叶及炭疽病严重发生。

施肥量过大，施入的肥料过于集中。核桃树施肥一般多采用沟施法，沟深20~25厘米，将肥料撒入沟中，与土壤搅拌均匀后再覆土，这样就不会出现肥害现象。应杜绝一锨土一瓢肥的坑施法。即使用施肥枪地下注肥，浓度也不宜过高，尤其是夏季高温天气。

273. 农药乱配会发生药害吗?

　　核桃叶面出现黄豆粒大小的白点,白点周围有水浸状灰褐色圆边,这应该是配药时药液稀释不彻底惹的祸。

　　混配农药的原则是:混合后不能出现浮油、絮结、沉淀、变色、发热、产生气泡等现象。

　　农药混配的顺序是:先配可湿性粉剂、再配悬浮剂、最后再配乳油剂。加入一种药即充分搅拌混匀,然后再加入下一种药。配药时必须进行二次稀释,充分搅拌均匀后再加入大罐,现配现用、不宜久放。

274. 图中所出现的死枝和残叶是虫害造成的吗?

死枝现象，多数属天牛为害所致。发现后建议用蘸过农药的棉球堵塞虫眼，便可将其杀死。

潜叶蛾为害核桃树叶片所致，立秋后是其迅速繁殖为害盛期，稍大意有可能泛滥成灾。用弯刀3000倍＋丝润6000倍全园喷洒，可有效防治潜叶蛾虫。

275. 大核桃树高接换头为啥要留小桩小枝?

　　五年树龄以上的大树高接换头,锯枝时在五拳头上方要留 20～25 厘米的小桩以利于发新枝,在低处还要留下一小枝作为辅养枝,以缩小地下与地上平衡差。上图是两种极端化手法,一是不留发枝桩,将嫁接部位压在主干上;二是不留辅养枝,造成植株不死不活、奄奄一息,严重时还会引起整株死亡。

276. 核桃采摘后用何种方法脱皮好?

核桃采摘后,用机械脱皮效率高,但决不可使用漂白剂、洗衣粉、碱面类冲洗,以免造成污染,降低核桃品级。

将脱皮后的核桃装在网袋中晾晒,一是避免高温曝晒,造成裂果;二是一提就走,方便收藏。

277. 核桃采收后如何简易处理?

核桃采摘后码成堆,厚约 50 厘米,如果用乙烯利处理过,便可用麻袋类覆盖,以便让其集中裂口;如果未用乙烯利处理,可选择背阴处直接码成堆,不需要任何覆盖物,让其自然裂口即可,不盖裂口快。

家中保管核桃,用网状编织袋包装最好,通气跑水,不捂不沤。如果误用有内膜的编织袋包装堆放,不通风、不透气,可能会造成果实发黑、变质、出毛,失去食用价值。

278. 核桃树高接换头为啥要 2 次去枝?

　　核桃树高接换头前必须先去掉老枝,去枝的时间和去枝的方法都有讲究。一次在冬剪时先锯掉树冠上半部,另一次在发芽前再去到位,并且要求最下部还要留个辅养枝,这主要是考虑到地上与地下平衡关系。这张图错误在于是 9 月中旬将树上绿色叶片提前一次性去光,地下毛细根就大面积死亡,来年别说高接换头了,能保住命都是问题。

279. 核桃采摘后为啥要清园?

核桃采果后用星标＋络安 3 号＋细美将树冠内外全部细喷清园，可大大减少园中病原菌基数。尤其在高温高湿天更要注意清园。

及时清园可大大减少病虫越冬基数,减轻来年防病虫压力。

280. "埋地雷"施肥为啥不可取?

树旁用铁锨先挖个小坑,再倒一瓢肥,然后用土埋起来,这种施肥被称为"埋地雷"。

一坑一瓢肥,将一瓢肥料集于一点,溶化后因浓度过高,可将附近的毛细根烧死,该处三年不生根,人为造成根的"禁区",将肥利变为肥害。因此,这种挖一锨土施一瓢肥"埋地雷"式的做法不可取。

281. 核桃树要高产施多少肥好?

核桃树是高产树种,一个约 20 厘米长的结果枝上能结 15 个核桃。果个要长大,施肥量一定要足。株产 10 千克干果的结果大树,建议秋季施蒙鼎底肥 + 华隆长效肥 10 千克以上。

如果结果大树施肥量不足,结出的核桃仁瘦果小。核桃树年周期需肥量几乎比其他果树大 1 倍。

282. 核桃树为啥强调幼树整形?

　　核桃幼树是整形的关键时期,牢固的骨架、紧凑的树形,会稳定提升核桃树生命周期的产量。上图中的树2年生,全树仅3个枝,长势很强,剪枝留长达1.5米左右,这样剪会造成永久性内膛光秃,人为使结果部位外移。骨干枝延长头不宜留得过长。

　　这类核桃幼树中干太强,剪留太长,生长优势全集于顶端,树不成形。中干过长、过强,用中短截加甩辫手法最好。

283. 为啥核桃树修剪过早树易死?

　　核桃树冬季修剪最佳时间是寒露至立冬，这是经过多年试验观察总结出来的黄金时间段。修剪过早过晚都不宜,但过早比过晚损失更惨。

　　核桃树的修剪，大多数剪口都在枝条梢部及树冠外围叶片比较密集的地方,修剪后树上的叶片总数量会减少 50%左右。核桃刚卸后,叶片还是绿色的,正处于通过光合作用制造养分阶段，也是秋施肥料转化盛期。如此时提前剪树,壮树易被剪弱,弱树易被剪死。核桃树冬季修剪的黄金时间选择在寒露至立冬。

284. 为啥说核桃树生长优势在顶端?

核桃习性不一般,
生长优势在顶端。
如不及时得控制,
五年便能够着天。
每年休眠搞修剪,
控制顶端应当先。
落头更要掌握度,
平衡树势是关键。

生长枝集于顶端,冬剪时不落不疏、不压不控,几十根强条都重短截,易导致来年顶端优势更强,树冠中下部难以发枝,还会出现死枝现象,结果枝组没法培养。

285. 如何防止核桃剪锯口腐烂?

剪口、锯口留桩会坏死,易患腐烂病。去枝时,不能人为加大伤口面积。

冬季修剪时,莫忘带瓶愈合剂,伤口随时处理,防止伤口水分流失,减少腐烂病发生。

286. 为啥说核桃树背后枝换头开张角度好?

培养树形时可用背后枝换头手法来开张角度,不宜连三锯或连六锯,这是用在苹果树上的开角惯用手法,会造成枝势衰弱,产量锐减,果个变小,形成的花芽难以萌发。

用背后枝换头法开张角度效果极好。原头根据空间留一小段,当年可培养成充实的结果枝组;新头可根据树冠要求,上下左右随意延伸,根据长势引导,自然而然,既可加大角度。

287. 核桃树冬剪落头到何处才叫到位？

冬剪落头思路对，
手法更要做到位。
压而不服头更旺，
顶端冒条高一丈。
落头必须甩小辫，
二分之一是关键。
落轻落重都不对，
多动脑筋找对位。

288. 为啥说核桃冬剪不留头来年不缺头？

冬剪不留头，来年不缺头。幼树生长旺盛，中心干会直往高处长，冬剪时可将原头去掉，用弱枝弱芽带头。

树冠顶端的直立枝条，冬剪时如果只知重短截，会造成来年顶端优势过强，下部不发枝，内膛易光秃。可从基部疏掉一部分。

289. 核桃幼树整形为啥不能照搬苹果树手法？

如果不了解核桃树的生长结果习性，盲目套用苹果树管理中的疏散分层形、开心形、主干形等，势必会造成树体高大、内膛空虚。有的层间距达1米，其实这1米多的层间距正好是核桃树的结果有效容积，白白闲置不用，人为把结果部位往高、往上、往外赶，最终形成高、大、空，再好的品种也难以高产。

290. 6 年树龄以上结果大树冬剪轻重如何把握？

　　6 年龄以上的结果大树，要求其连年高产稳产，应该考虑到结果枝组的更新换代。冬剪时手法必须把握个度，剪重不行，剪轻也不行。如果冬剪手法过重，生殖生长被迫转化为营养生长，来年树冠上半部新生枝条旺盛狂长，形成半树条子半树果。如果冬剪手法较轻，树冠中下部的结果枝组结果后会出现大面积死亡，产量也会逐年下降。

291. 其他果树管理手法在核桃树上能用吗？

在核桃树上采用环剥、环割、编枝、圈枝、拿枝软化、见枝拉平等其他果树的管理手法，与核桃树正确的管理手法是背道而驰的，是不可使用的。

292. 修剪核桃树易犯的错误有哪些?

错误一:培养核桃树矮冠自然圆头树形,应从幼树抓起。这棵两年生幼树已经冬剪,各枝顶端只破了个尖,会使枝条后部光秃。枝条中部偏下饱满芽处下剪是正确修剪手法。

错误二:这棵4年生树,上部骨干枝粗,而下部骨干枝小,出现倒置现象,最终会形成高、大、空。只有从梢部疏除强枝,控制顶端优势,下部的枝才能增粗长大,起到牵制作用。

错误三:这棵3年生的幼树应以扩冠为主,冬剪时各骨干枝延长头带头,芽必须选择朝外方向,以利于来年树冠能横向发展。如果误留里芽,会给整形工作带来很大麻烦。

错误四:在骨干枝延长头附近动剪,留强旺结果枝,形似牛角状,来年生长期会与延长头争夺养分,造成枝条错乱、主次不分。操作时去立留斜,或一长一短即可。

错误五：在延长枝头上留 3 根强条，最容易造成骨干枝后半部光秃、前半部狂长，破坏了树势平衡关系，使结果部位外移。如果延长头生长健壮，只留一根既可。

错误六：核桃树冠内膛结果枝，随着树龄的增长会逐渐伸长，结果部位逐年外移，冬剪时应及时回缩，促使剪口后部萌发新枝，更新换代结果枝组。

错误七：落头时甩小辫,锯口、剪口不容易冒条,生长势比较稳定,但所甩小辫的粗度以原母枝 1/2 为宜,如果过细,压而不服、越落越旺

错误八：延长头上的竞争枝,长势较健壮,冬剪时,尽量少用或不用五段剪手法,用三芽剪手法比较妥当。

错误九：多年连续结果的枝组，冬剪时也要及时适当回缩，不然会长势衰弱，果个变小，失去利用价值。

错误十：延长头上戴死帽，来年生长势大减，幼树培养树形阶段，此手法尽量勿用。

错误十一：这棵树上强下弱现象十分严重，修剪未及时调整，来年上强下弱现象会更加明显，品种再好，也难丰产。类似这棵树，树冠上半部可选弱枝弱芽带头，树冠下半部可选强枝强芽带头，会逐渐达到树势平衡。

错误十二：冬剪后，树顶直立枝多达十几根乃至几十根，顶端优势不控制，会导致内膛结果小枝枯死，造成内膛光秃，结果部位外移。顶端多疏少留是正道。

错误十三:树冠顶端枝条强旺,宜疏不宜短截。否则会促进顶端优势,来年越长越强,越长越高,很难高产。

错误十四:这棵树是早实丰产品种。树上中短枝多,结果枝组利用年限较长。但历年顶端不落头,长枝不回缩,结果枝不更新,造成树势衰弱,结果部位外移,果个变小,产量降低,失去了丰产的特性。

　　错误十五:有些核桃栽植户刚卸果实后便进行冬季修剪,时间多在9月上中旬,易造成剪口下邻近芽子冬前萌发,失去来年利用价值,浪费养分,树势变弱,损坏树形。

　　错误十六:幼树整形时期,冬季修剪宜重不宜轻,更不可遇枝长放轻打头,否则,枝条后部不发枝,光秃带长达1米多,人为造成树冠内膛空虚、结果部位外移现象。

　　错误十七：冬剪时不分主次，见枝就中短截。不分轻重，枝枝下剪，势必会造成来年半树条子半树果，这种错误的手法应改变。

　　错误十八：树龄已5年，行间还套种玉米，捡了芝麻丢了西瓜，孰轻孰重分不清。

错误十九:核桃园提倡生草制,并不是让你搞成荒草原。草都爬上了树,形似老鸹窝,这样的园子可不行。

错误二十:去冬未修剪或修剪不到位的树,3月上旬便可复剪,虽然剪口流点水,但要比不剪效果好得多。

错误二十一：株距1米远，把核桃树当成桃树管，这种模式肯定不能高产。

错误二十二：计划高接换头的大树，冬前勿将枝条去光，否则来年植株会半死不活。